RAÚL MATÍAS CERESETO

# De Proa al Sur

## Problemática, Análisis y Proyección de la actividad pesquera

*Argentina, Chubut y el mundo*

**EDITORIAL DUNKEN**
Buenos Aires
2023

Cereseto, Raúl Matías
De Proa al Sur. Problemática, análisis y proyección de la actividad pesquera. Argentina, Chubut y el mundo / Raúl Matías Cereseto.
1a ed. - Ciudad Autónoma de Buenos Aires: Dunken, 2023.
200 p. ; 23 x 16 cm.

ISBN 978-987-85-2993-6

1. Industria Pesquera. 2. Recursos Naturales. I. Título.
CDD 338.3713

Contenido y corrección a cargo del autor.



Este libro también está disponible en formato electrónico.

Impreso por Editorial Dunken
Ayacucho 357 (C1025AAG) - Capital Federal
Tel/fax: 4954-7700 / 4954-7300
E-mail: *info@dunken.com.ar*
Página web: *www.dunken.com.ar*

Hecho el depósito que prevé la ley 11.723
Impreso en la Argentina

e-mail: tatocere@gmail.com
ISBN 978-987-85-2993-6

# Agradecimientos

*"La vida es una atrevida aventura o no es nada".*
**Helen Adams Keller**

Animarme a escribir un libro ha sido un enorme desafío y un riesgo que me he propuesto correr. Quiero que sepan que he tenido que estudiar y leer mucho para complementar mis conocimientos sobre las diferentes temáticas que me verán abordar a lo largo de la obra…

Sin embargo, casi como por arte de magia, siento que he recibido una fuerza motora que me atravesó e impulsó sobre el entramado más fino de cada línea, y eso ha sido el incondicional afecto de mis seres queridos, hacia quienes siento la necesidad de expresar un profundo agradecimiento…

Siempre me han gustado los retos y, para ello, no hay nada mejor que estar muy bien acompañado.

Para empezar, debo reconocer que la frase que ilustra el presente apartado la elegí con el corazón, porque siento profundamente que tiene la fuerza necesaria para graficar lo que ha sido, es y será la vida junto a mi esposa, Ioana, con quien llevamos ya casi dos décadas de matrimonio.

Para ella va mi primer agradecimiento, porque esa mujer es justamente mi gran compañera de aventuras y quien, además de complementarme, me hace mejor persona todos los días de mi vida…

Su existencia me tiene perdidamente enamorado desde que la conocí, y del fruto de nuestro amor alumbramos a nuestros hijos, Juan Cruz y Juan Ignacio, a quienes debo agradecerles que me eleven espiritualmente y me impulsen a luchar cada día para dejarles un futuro mejor…

También quiero darles las gracias a mis padres, entendiendo que fue mi papá, quien me enseñó a trabajar con integridad, seriedad, esfuerzo, dedicación y profesionalismo, pero, principalmente, a ser crítico. Mientras que mi mamá, una mujer súper bondadosa, fue quien me ha guiado siempre (pregonando el ejemplo) a ser generoso, solidario, leal, humilde, compañero y respetuoso.

Mi gratitud también es extensiva a mis hermanas, Natalia y Cecilia, con quienes, además de compartir todos mis genes, tenemos la misma mirada sobre la vida y la familia. Ellas son, sin duda, un gran sostén y un eje fundamental de mi equilibrio emocional.

Al mismo tiempo, quiero destacar el compromiso de mi suegro, mis tíos, primos, sobrinos, cuñados y cuñadas, y de todos mis amigos, con los cuales comparto cientos de aventuras y se ocupan de nutrir mi alma con risas y bocanadas de aire fresco.

También reconozco que este libro tiene mucho de la impronta de Ignacio Amui, mi primer jefe, quien marcó mi vida profesional y me sigue enseñando en cada uno de nuestros encuentros.

Particularmente, él y mi papá, han sido mis mejores ejemplos a lo largo de mi carrera...

Por su parte, agradezco al Dr. Cesar Lerena, a Guillermo Abdala Bertiche y a Milko Schvartzman, quienes, amablemente, me brindaron valiosas entrevistas para profundizar algunas temáticas del libro...

Por último, quiero dejar bien claro que si no fuera por la generosidad de Sergio Pantano, probablemente no estaría trabajando en el sector, y que sin la confianza de Gustavo Gonzalez, posiblemente hoy tampoco sería quien soy...

**Gracias eternas, a todos y a todas...**

# Índice

# Prólogo

He escrito crónicas, reportajes, editoriales y demás subgéneros que habitan el mundo del periodismo, pero jamás un prólogo de un libro. Como quien avisa no traiciona, amigo lector, está liberado para saltear estas líneas y arrancar con "De Proa al Sur".

En tren de verdades, tampoco conozco al autor, al menos en persona. Cultivamos una relación que arrancó hace un par de años cuando lo consulté por una denuncia penal, con algún tinte político, que lo tenía en el centro de la escena. Me agradeció que lo haya llamado para que pudiera dar a conocer su versión de la historia y quedamos en contacto.

Alejado ideológicamente del "periodismo a la carta", como lo profundiza en el libro, creo que en este tiempo ha valorado mi independencia. No me aplaudió cuando he destacado algunas medidas de manejo para evitar la pesca de juveniles en el inicio de una zafra, ni tampoco dejó de atenderme cuando he cuestionado el aumento sostenido del esfuerzo pesquero de la flota en Rawson, camuflado detrás de su renovación y modernización.

La vorágine del sector nos ha llevado a intercambiar cientos de mensajes. La periodicidad del diálogo ha variado según el grado de virulencia y nivel de velocidad con que se desarrolla la coyuntura pesquera en Chubut, en general, y en Rawson, en particular, donde vive y trabaja, inmerso en una ciudad que lo desvela y que lo ha animado a dar este paso gigante para convertirse en escritor.

Los sinsabores del pasado lo han marcado hondo y creo que han contribuido para su crecimiento personal; a ser más crítico pero también más reflexivo. Comprendió que el dolor inicial fue mutando y que sus heridas se convirtieron en el combustible que necesitaba para salir de la comodidad del "empresario exitoso" y plantear sus ideales.

Nuestra comunicación frecuente casi siempre se inauguraba de mi lado con un "Hola Tato, buenas...", buscando algún dato concreto o tratando de entender algunas conductas sindicales o armatoriales que a más de mil kilómetros me resultaban difíciles de codificar. Pero hace unos meses la modalidad se invirtió, y me anticipó que estaba escribiendo un libro sobre la industria en cuestión...

Allí vaticinó que ya no quería quejarse desde su zona de confort, que había que involucrarse para que los políticos conozcan y aprendan del sector, porque ese compromiso era el único legado que podía dejarle a quienes caminen la misma senda en un futuro. También me dijo que cuando lo terminara quería que lo leyera y que, si me animaba, le gustaba la idea de que escribiera el prólogo.

"Tato" no solo lo terminó, sino que me gustó. Y esa fue la única condición que puse para aceptar el convite. Y acá estamos desatando el preámbulo de esta historia...

"De Proa al Sur" es una obra profunda e indispensable, concebida por un "antisistema", para aquellos que quieran ya no solo conocer la industria desde la voz de uno de sus actores principales, sino también un llamado a la reflexión de todos sus pares para intentar cambiar el rumbo...

La historia de la pesca en Argentina, en Chubut, en Playa Unión, la flota amarilla de la que forma parte como armador, el rol del langostino en la estructura productiva provincial, su legislación, los actores sindicales, políticos y empresariales... arropan a Raúl Cereseto para desandar una pluma disruptiva y lo convierten en la "oveja negra" que desmenuza la realidad en busca de una transformación visceral que garantice la sustentabilidad del negocio.

La obra cuenta sus fortalezas, describe sus temores y propone soluciones para intentar evitar una crisis que parece dibujarse como una condena inevitable si no se rompe la dependencia del langostino, si no hay diversificación hacia otras especies y si los sindicatos no entienden que dichos recursos no tienen el mismo valor que el marisco.

"Chubut sectorialmente tiene un problema gravísimo, actualmente ni siquiera hay acuerdos sobre qué tipo de pesquería se pretende de cara a los próximos diez años", dijo sin tapujos ni reparos entre sus líneas, como una de las sentencias más claras...

"Durante los últimos quince años, creció la actividad pesquera en base a su explotación, pero esa fiebre y depredación del oro naranja puso en peligro el recurso pesquero y el futuro de la pesquería provincial (...)", fue otro de los párrafos que resalté en negrita cuando leí el manuscrito...

"De Proa al Sur" tiene la relevancia de un relato minucioso que incluye la nueva ley provincial de pesca, la deuda ambiental, la potencialidad de la acuicultura y la amenaza en la milla 201. Pero sobre todo, aporta información para entender cómo funciona una de las principales actividades productivas de la provincia y del país...

El autor no lo hace desde el púlpito sino desde una mirada real y plagada de autocrítica. Como cuando considera válido reconocer que "el principal responsable de la captura y explotación de una sola especie ha sido el empresariado chubutense" o cuando confiesa que forma parte de un núcleo empresario que "no exige, hace, ni propone nada para cambiar el status quo", en materia del cuidado del medio ambiente.

Conmovido por la decisión de su hijo mayor de formarse en la Carrera de Administración de Empresas para seguir sus pasos y por la revelación, tras el test vocacional, de que Juan Cruz lo tiene como faro, Cereseto sintió la obligación de dejar de ser un actor inerte y pasó a involucrarse para que las cosas comiencen a cambiar.

Tomando una analogía precisa de "Matrix" y sus realidades paralelas, en las que conviven intereses políticos, burocracia, desidia estatal, prensa al sobre y la demagogia de ciertos funcionarios, y el cuento de "El oso", una fábula de Bucay, para explicar el sistema que adopta la pesca en Argentina: poniendo parches y ganando tiempo mientras no resuelve los problemas de fondo, “De Proa al Sur” es una atrevida aventura, que se sale del molde y, como el faro que mira Juan Cruz, irradia porciones luz en mar y tierra…

Roberto Garrone, abril 2023

# Introducción

Innumerables noches de insomnio devenido de atroces injusticias que hoy apenas he podido asimilar, saltos estrepitosos entre las sábanas, interminables horas de vuelo, cenas de madrugada y eternas discusiones con propios y ajenos, me permiten erigirme desde adentro como un crítico acérrimo de las estructuras ortodoxas que hacen pender de un hilo cada vez más fino al sector pesquero de la República Argentina.

Así fue que tomé mi pluma y, desde hace un tiempo, he comenzado a plasmar en algunas líneas, que luego se convirtieron en textos, y con posterioridad en capítulos, lo que pretende ser un exhaustivo análisis que aborda la realidad actual del sector, priorizando su problemática social, económica, educativa, normativa, política, sindical y hasta coyuntural.

Para ello, sin dejar de reconocer que la historia es mucho más extensa que el camino que llevo recorrido en este extraordinario sector, me ha sido ineludible elaborar una profunda investigación para trazar una clara retrospección que nos llevará a interpretar la génesis de esta obra.

En los últimos quince años, la actividad pesquera ha virado notablemente en Chubut. La aparición del langostino en abundancia, a partir del año 2006, trajo consigo años dorados para las ciudades portuarias de la provincia, e inclusive para otras zonas aledañas que supieron aprovechar ese enorme fenómeno natural.

La masiva pesca de esa especie objetivo planteó la necesidad de multiplicar las inversiones y la creación de empleo, así como también elevó los niveles de exportaciones e ingresos públicos a parámetros inimaginables.

Sin embargo, como contracara de la prosperidad, se pusieron de manifiesto enormes inconvenientes que fueron complejizando y desarticulando el normal desempeño de la actividad:

Una total falta de infraestructura, la inexistencia de carreras educativas afines, el incumplimiento o la vaga interpretación del marco normativo, una dirigencia política poco capacitada, comprometida e involucrada, junto a la falta de diversificación de la matriz productiva, y a un sector empresario y sindical irresponsable han transformado al rubro en un círculo cómplice y vicioso a la vez.

Tampoco debemos minimizar que para cualquier sector productivo en Argentina, y particularmente en Chubut, la previsibilidad y las proyecciones a mediano y largo plazo plantean una sensación análoga a la que nos somete una montaña rusa. Allí, en ciertos momentos, todo se pone cuesta arriba, con curvas y paisajes muy agradables, mientras que en otros, sentimos que caemos en picada, inundando de horror la alegría precedente.

Sin embargo, aquí podemos vislumbrar lo mágico de la secuencia, porque en la pesca, al igual que en aquel vertiginoso juego, al final del descenso no nos encontramos con el abismo, sino con una nueva subida o pasaje, que vuelve a tranquilizarnos, presentando desafíos mucho más atractivos.

A lo largo de los años he vivenciado, a través de mis experiencias con distintos personajes de la sociedad, el profundo desconocimiento que se plantea sobre la realidad pesquera y su problemática, el escaso nivel de importancia que se le atribuye como actividad económica productiva para la provincia y el país, e inclusive, la falta de información que existe sobre su funcionamiento.

En líneas generales, las investigaciones sobre la industria en cuestión son escasas y acotadas. A pesar de la importancia de esta actividad, el sector pesquero en Argentina resulta, en ocasiones, invisible para la sociedad civil en general y para los análisis académicos en particular, ya que "los argentinos hemos vivido de espaldas al mar y a sus problemas".

Los análisis y la caracterización del sector empresarial en la pesquería industrial, así como sus modos de agrupamiento gremial en defensa de sus intereses, no han recibido especial atención académica.

Esos vacíos doctrinarios, sumados a la necesidad constante de profesionalizar el rubro, permite vislumbrar que se trata de un ámbito totalmente carente de material bibliográfico idóneo y afín, lo cual me ha motivado a reflexionar sobre la posibilidad de elaborar escritos que sirvieran como referencia de lectura y como puntapié inicial para aportar vientos de cambios al sector.

Es necesario agarrar el timón y articular esfuerzos para volver la mirada al mar y dar cuenta del conjunto de relaciones sociales que tienen lugar dentro de la actividad pesquera y su procesamiento industrial.

Así fue que he tomado la decisión de investigar un poco cada día, trabajando con la realización de entrevistas en profundidad a informantes claves del universo sectorial, con relevamientos de fuentes periodísticas (oficiales, sindicales y empresariales) y con un pormenorizado desglose bibliográfico.

Mi tarea busca resumir en esta obra una problemática provincial de aristas nacionales, con el claro objetivo de despertar inquietudes en los jóvenes, quienes, en la búsqueda de un próspero futuro, podrían interiorizarse en la materia y evaluarla como una verdadera alternativa que los convierta, directa o indirectamente, en actores sectoriales.

"Muchas veces la gente no sabe lo que quiere hasta que se lo enseñas". dijo alguna vez Steve Jobs, graficando en una frase la importancia de abrir las puertas a un mundo lleno de conocimiento en el que muy pocos se han animado a entrar.

Justamente, concibo que una actividad, producto o fenómeno no podrá expandirse o regularse como merece hasta que la sociedad y sus diferentes actores interpreten su verdadera importancia. Y eso es exactamente lo que me propongo en las siguientes páginas.

En "De Proa al Sur", intento apoyarme en mis ideales y en una etapa de mi vida mucho más reflexiva, poniendo a prueba mi capacidad intelectual para transferir de manera práctica y simple los preceptos que nos enfrentan a lo que he denominado "una nueva realidad pesquera y su impacto en la vida cotidiana".

La obra que a continuación nos conectará capítulo tras capítulo pretende empatizar con el lector, siendo producto de cientos de estudios empíricos y experiencias personales que han nutrido mi portfolio teórico y práctico, y que me permiten aportar certezas sobre un océano de oportunidades tan rico y mal aprovechado como el propio mar argentino.

# 1

# Revisionismo histórico de la *actividad pesquera*

Para quienes no pertenecen a la industria pesquera, y por qué no también para aquéllos que estamos inmersos en su día a día, vale reconocer que el desarrollo para la explotación marítima, el procesado y la posterior comercialización del pescado, suele aparecer como algo extraño, complejo de comprender y hasta espurio.

La pesquería es mucho más compleja de lo que se cree. En el imaginario colectivo rondan antiguas imágenes relacionadas a los puertos, los olores fuertes, la suciedad, el trabajo informal, la prostitución y las mafias.

Pero para poder realizar un análisis certero sobre el tema, es fundamental iniciar el relato con una sintética retrospección histórica del sector. Repasar con seriedad el escenario pasado, resulta menester para evaluar el presente y proyectar el futuro.

Siguiendo ese precepto, he decidido desarrollar el estudio repasando sintéticamente la génesis de la actividad a nivel mundial, para adentrarnos sobre la línea de tiempo que ha guiado el desarrollo de la pesquería en Argentina y más específicamente en el sur de ese país.

Desde la prehistoria, el pescado ha sido capturado para su consumo, primero por los homínidos y luego por los Homo sapiens. Una infinidad de pruebas arqueológicas demuestran que los hombres ya pescaban en la Era Paleolítica Inferior, siendo que el primer registro del pescado como alimento data de unos trescientos ochenta mil años.

La pesca, se convirtió así en un auténtico descubrimiento de supervivencia. Los pescadores se organizaban en distintos grupos y buscaban lugares no muy profundos para capturar peces y otras especies (como cangrejos) con sus propias manos. Más tarde, empezaron a utilizar objetos de caza (como lanzas, arcos y flechas), y para subsistir y mejorar la técnica de la pesca, se inventó el anzuelo, que fabricaban con huesos, madera y cuernos.

En tiempos prehistóricos más recientes, hay amplia evidencia que demuestra que las poblaciones europeas utilizaban habitualmente a diferentes especies para alimentarse.

Su consumo fue muy apreciado también por las antiguas civilizaciones de Egipto y Asia. Una ensalada basada en carpa marinada y con especias fue la primera receta con pescado, encontrada en China en el año 1.300 AC.

La pasión de los romanos por el pescado era llamativa. De hecho, el precio más alto registrado y pagado en un remate por dos lisas rojas vivas, que fue de unos 20.000 sestercios (alrededor de USD 24.000 actuales) aún hoy no ha sido superado.

El pescado fresco fue siempre el preferido. En el Imperio Romano, especies como las anguilas y lampreas eran también conservadas, transportadas y vendidas vivas.

Es importante reconocer que su consumo también ha sido afectado positiva y negativamente por las diferentes religiones, tabúes, decisiones políticas y creencias a través de la historia, lo que, a su vez, ha influido en su producción y comercialización.

En Europa, durante la Edad Media, la ingesta fue promovida por la Iglesia Católica, la cual ordenaba 166 días de ayuno al año, durante los cuales solo se podía comer pescado.

Además, al observar la necesidad creciente de la demanda de dicho alimento, los pescadores se vieron obligados a incrementar la captura de especies hidrobiológicas, creando métodos para obtener volúmenes superiores a un bajo costo, lo cual produjo que, con el tiempo, el rubro se fuese industrializando, a partir de la instrumentación de nuevos mecanismos de pesca y también de preservación, dando orígenes inconscientes a lo que hoy denominamos "la pesca comercial o industrial".

Es muy probable que en épocas muy antiguas existieran barcos especializados para la actividad, aunque son escasos los datos que se tienen al respecto, y no es sino hasta la Edad Media cuando se encuentran los primeros modelos de navíos de pesca; en el Mar del Norte se pescaba el arenque con unos barcos que navegaban a muy baja velocidad. Estas embarcaciones, llamadas "buches", pescaban con redes de deriva y poseían dos o tres mástiles en los que se izaban velas cuadras.

En cuanto a la preservación del producto, se sabe que el secado, el ahumado, el salado y la fermentación fueron técnicas muy utilizadas para mantener el pescado desde antaño en diferentes culturas.

Operativamente, a comienzos del siglo XIX, se necesitaron de nuevos métodos para extender el tiempo de conservación de los productos pesqueros. El enlatado fue inventado por el francés Nicolás Appert, quien ideó un sistema de conservación de alimentos en vacío que enseguida daría paso a la fabricación industrial de latas de conserva, como un medio de proveer alimentación al ejército de Napoleón.

Los norteamericanos fueron los primeros en darse cuenta de las posibilidades del mercado potencial del pescado congelado y, alrededor de 1865, comenzaron a congelar pescado, poniéndolo en recipientes rodeados de hielo y sal.

Alrededor de 1880, comenzó a utilizarse el sistema de refrigeración por amoníaco, y, para fines del siglo XIX, el congelado de pescado era una importante industria en los EE.UU, que ya había empezado a exportar salmón congelado hacia Europa.

La propulsión a vapor se introdujo en los barcos pesqueros europeos hacia fines del siglo XIX y reemplazaron a los de vela. Más tarde, los motores diésel de combustión interna se introdujeron en las pesquerías europeas a finales del siglo XIX y comienzos del XX, y reemplazaron completamente la propulsión anterior.

Del mismo modo, en el siglo XX, fueron introducidos los barcos arrastreros congeladores y factorías, para mantenerlo y procesarlo a bordo.

Después de la Segunda Guerra Mundial, los barcos pesqueros en Europa comenzaron a utilizar sonares y ecosondas para detectar los peces, y éstos métodos fueron adoptados por las flotas pesqueras industriales alrededor de todo el mundo. También incorporaron congeladores de placa y túneles y, desde entonces, hubo un rápido desarrollo del procesamiento y congelación a bordo.

En tanto, adentrándonos a continuación específicamente en el caso de Argentina, observamos que el proceso inicial de pesca artesanal fue desarrollado por los pueblos originarios que habitaban las zonas costeras con las mismas características que en el resto del mundo.

Sin embargo, en cuanto a la pesca comercial, el país revestía un atraso importante comparativamente con el crecimiento técnico, operativo y normativo que se estaba instaurando en América del Norte, Europa y Asia. Repasemos un poco su pasado y presente...

Si nos remontamos a los datos precisos, la primera legislación sobre la actividad pesquera argentina, fue dictada en el año 1821. Por dicha norma, se fijaban derechos de pesca en la costa patagónica a los buques extranjeros. La misma fue derogada en 1880 por la Ley Nº 1055, que prohibía la pesca en las costas argentinas sin permisos del gobierno.

Siguiendo con la historia, la disposición Nº 3088 de 1894, reglamentó en forma más detallada la actividad. Poco tiempo después, en 1898 y 1899, se decretó la concesión de permisos de pesca en costas argentinas y aguas de jurisdicción nacional.

En 1907, se estableció que los productos de la caza y pesca marítima eran de producción nacional. En 1914, la Ley Nº 9475, diferenció las operaciones de pesca marítima y costera, y reguló, además, las técnicas utilizadas para la captura. También se prohibió la pesca por parte de buques extranjeros.

Argentina ostenta un extenso litoral marítimo. Cuenta con 4725 Km de costa, una zona económica exclusiva (ZEE) de 1,5 millones de Kilómetros cuadrados y 1000 especies ictícolas.

A pesar de ese gran potencial de recursos pesqueros, la actividad comercial del sector evolucionó lentamente. Al principio, se desarrolló en la Provincia de Buenos Aires y en las localidades costeras, en donde se realizaba pesca desde la orilla y en botes.

Los comienzos reales de la pesca comercial en Argentina se remontan a principios del siglo XX en la ciudad-puerto de Mar del Plata, provincia de Buenos Aires. El recurso que se explotaba era principalmente la anchoíta, cuya extracción se realizaba sólo al llegar la primavera, de forma estacional.

El proceso de trabajo que se realizaba en ese entonces era más artesanal que industrial y su particularidad fue que se constituyó, desde sus orígenes, en una importante fuente de trabajo asalariado que durante décadas atrajo contingentes migratorios a gran escala de población en edad activa, lo cual dio un nuevo impulso a la actividad e innovación en las artes de pesca del país más austral del continente americano.

Otro rasgo que distingue a la producción pesquera, al menos en Argentina, es el predominio de relaciones sociales de producción y propiedad de carácter familiar. El trabajo en la industria pesquera es un trabajo heredado, y desde los orígenes hasta la actualidad participan de la actividad la familia directa o personas del entorno cercano inmediato, tanto del capital como de la fuerza de trabajo.

La combinación de mano de obra experta y la mayor demanda, fue el impulso inicial para la actividad pesquera. La construcción del puerto de Mar del Plata, en 1922, y un incremento notorio en la requisitoria de productos frescos del mar, para restaurantes y hoteles, estimuló el establecimiento de las colonias de pescadores.

Desde los años 30 con la génesis de la actividad industrial pesquera, se reconoce a la mencionada ciudad como el puerto pesquero más importante del país. Las primeras actividades industriales fueron el salado de anchoíta y luego ganó fuerza la industria de la conserva que empleaba a mujeres y niños de familias de inmigrantes provenientes de Italia y España. Durante esos años, en Mar del Plata, Necochea y Quequén se concentraban las plantas de conserva, salado de anchoíta, caballa y bonito.

Por aquella época, existían alrededor de 140 barcos a vapor y 80 barcos a vela, y la captura rondaba las 15 mil toneladas. Pero recién a partir de la Segunda Guerra Mundial, fue que la industria pesquera tuvo un cambio fundamental.

Efectivamente, las políticas de sustitución de las importaciones serían un punto de inflexión en la historia de la actividad pesquera argentina.

Podemos observar que, a partir de la década del sesenta, se dan cambios muy importantes en la estructura socio-económica y socio-laboral de la economía en general y de la industria pesquera en particular. En primer lugar, para situar este importante punto de inicio y reformulación de la industria, se puede destacar el cambio en la especie objetivo y el proceso de trabajo asociado a ella.

Fue a partir de 1961 que comenzó a elaborarse filet de merluza. Esto provocó que la conserva se viera desplazada por la producción de pescado fresco, lo cual introdujo cambios significativos en la organización del proceso de trabajo.

En segundo lugar, cambió el destino de los productos pesqueros: mientras la industria de la conserva tenía como principal interés el mercado interno, la industria del fresco se concentraba en el internacional.

En tercer término, se produjeron cambios en la flota: en los desembarques totales la flota "costera" perdió importancia en relación a la "industrial de altura".

Es así que se produjeron también relevantes modificaciones en la organización del trabajo. Las empresas dedicadas a la pesca instalaron masivamente plantas de fileteado y congelado en tierra, conformando entidades integradas que cuentan con la capacidad de extraer, procesar la materia prima y comercializar sus productos. Desde allí, cada vez con más énfasis, la actividad se orientó al mercado mundial.

Sin embargo, fue la coyuntura internacional la que impulsó el crecimiento del sector. Durante la década del 70, el agotamiento de los caladeros en los países pesqueros de América del Norte, posibilitó a Argentina la exportación de la merluza blanca. También, el país pudo adquirir buques fresqueros de altura, excedentes de la actividad en el hemisferio norte.

Ahora bien, aquí quiero destacar una cuestión que no es para nada menor y que da cuenta del origen y crecimiento de la pesca ilegal, porque esa cierta extinción del recurso en el universo internacional produjo un aumento exorbitante en la presencia de buques congeladores extranjeros, que buscaban las capturas lejos de sus costas, lo cual fue determinante para que Argentina sancionara, en 1973, la Ley Nº 20136.

En esa norma se estableció que los recursos vivos, en las zonas marítimas argentinas serían de propiedad del Estado. A su vez, el Gobierno Nacional otorgó exclusiva explotación a las embarcaciones argentinas, con permiso para la actividad pesquera.

Más adelante, en capítulos específicos, ahondaremos en los detalles del marco normativo que regula la actividad, así como también sobre la depredación que sufre nuestro mar y la importancia de defender los recursos en aguas nacionales e internacionales.

Volviendo a los datos históricos, vale añadir que las mayores capturas que registró este período, casi exclusivamente de merluza, se dieron en 1974 con la captura de 174 mil toneladas.

En términos generales, se estima que el crecimiento del rubro estuvo asociado a la incorporación de unidades de pesca a la flota nacional y a su mayor capacidad de captura. Por esta razón, la producción pesquera argentina, pasó de 545.000 toneladas a principios de los '90 a 1,34 millones de toneladas en 1997, entre pescados, crustáceos, moluscos y otras especies.

Sin embargo, ese aumento de la producción en forma descontrolada, trajo aparejado otro problema. La merluza común, de la cual se capturaron 585.491 toneladas, en 1997, fue declarada en estado de emergencia y se impusieron fuertes restricciones a su captura, lo que causó severos daños en la industria pesquera y sus derivados.

Aquí, no quiero dejar de señalar otro punto que desarrollaré más adelante y que muestra claramente la irresponsabilidad de las autoridades de gobierno, que entregaron una cantidad desmedida de permisos, sin tomar en cuenta la preservación de la biomasa.

Durante esos años, los trabajadores de la rama del filete del puerto de Mar del Plata fueron protagonistas de una masiva protesta callejera. Reclamaban su registración laboral y mejoras en las condiciones de empleo, pero la crisis del principal recurso pesquero produjo que no solo no mejorara la situación, sino que, además, se tornara desesperante.

Sintetizando, se pasó de una situación de sub explotación a otra de exceso de capturas, poniendo de manifiesto la falta de formación y de responsabilidad política sobre el sector. En este contexto, el Estado Nacional debió replantear las acciones y aplicar normas para lograr un desarrollo sustentable de la actividad pesquera argentina.

Allí, fue fundamental, la intervención de la autoridad regulatoria, junto al sector pesquero, para determinar el grado de explotación sustentable.

Y así fue que surgió el nuevo marco legislativo. La Ley Federal de Pesca N° 24.922, se sancionó en el mes de febrero de 1998, y su espíritu se expresa en su artículo primero:

*"La Nación Argentina fomentará el ejercicio de la pesca marítima en procura del máximo desarrollo compatible con el apro-*

*vechamiento racional de los recursos vivos marinos. Promoverá la protección efectiva de los intereses nacionales relacionados con la pesca y promocionará la sustentabilidad de la actividad pesquera, fomentando la conservación a largo plazo de los recursos, favoreciendo el desarrollo de procesos industriales ambientalmente apropiados que promuevan la obtención del máximo valor agregado y el mayor empleo de mano de obra argentina".*

En consecuencia, también se creó la Secretaría de Agricultura, Ganadería, Pesca y Alimentación como la autoridad de aplicación de la norma. Además, ese organismo introdujo una regulación en el marco legal de la pesca, al establecer el Régimen de Administración por Cuotas Individuales Transferibles de Captura (CITC), considerado como una concesión temporal del Estado, que tiene como beneficiario al titular de un permiso de pesca.

A partir de allí, esa concesión *habilitó la pesca "de un porcentaje de la Captura Máxima Permisible (CMP) de una especie determinada y cuya magnitud, expresada en toneladas, queda establecida cada año en función de la CMP".*

Al mismo tiempo, se creó el Consejo Federal Pesquero, integrado por representantes de la Nación, y las provincias con litoral marítimo, que tuvo y tiene entre sus funciones fundamentales las de establecer la política pesquera argentina, planificar el desarrollo del sector a nivel nacional y encauzar las tareas de investigación.

Adentrándonos en la actualidad, debo destacar que, sin lugar a dudas, el Puerto de Mar del Plata, es el que concentra la mayor cantidad de desembarques y plantas procesadoras a nivel nacional. Esto se debe, fundamentalmente, a que cuenta con una infraestructura que posibilita la realización de todas las etapas de producción, desde la logística y elaboración de productos congelados, hasta su futura exportación, lograda a partir de una fuerte presencia de compañías transnacionales dedicadas al traslado internacional de contenedores.

Allí, desde luego, es la merluza la principal especie objetivo, que representa un 60% de las capturas.

Los puertos bonaerenses, se caracterizan por la actividad de los buques fresqueros, y el procesamiento de las capturas en plantas elaboradoras. La provincia de Buenos Aires tiene casi una cuarta parte del Mar Argentino, es decir unos 230.000 km2. Por lo cual, es aquí, donde se recoge casi la mitad del total de la pesca argentina.

Sin embargo, a nivel país, la costa patagónica se ubica inmediatamente detrás de Mar del Plata, puerto al cual le siguen en importancia Puerto Madryn (Provincia de Chubut); Puerto Deseado y Punta Quilla (Santa Cruz); Ushuaia (Tierra del Fuego, Antártida e Islas del Atlántico Sur) y Comodoro Rivadavia (Provincia de Chubut).

De este modo, observamos que Chubut alberga a dos de los cinco puertos más importantes del país, tomando la cantidad de desembarques totales, habida cuenta de que se trata de la provincia que ofrece una de las mayores riquezas del mar Argentino.

Además, Puerto Rawson, que no entra en el ranking de los principales puertos, tiene un protagonismo tan importante en la especie objetivo estrella del momento (el langostino) que ya representa el 30% de los desembarques totales a nivel nacional.

Históricamente, el desafío de la industria pesquera, fue orientar su esfuerzo hacia productos de alto valor agregado, por unidad de peso, y la búsqueda de posibilidades de mercado para aquellas especies cuyas capturas pueden tener un incremento significativo.

Justamente, durante la última década y media, más precisamente a partir del denominado "boom del langostino", también conocido popularmente como "el oro naranja", eso fue lo que ocurrió en Chubut, convirtiendo a esa región patagónica en una pieza clave en el complejo pesquero nacional.

Pero esa situación, que posicionó a esa provincia del sur del país a la vanguardia de la industria pesquera nacional, también puso al descubierto cientos de implicancias negativas, que incluyen desmanejos empresariales, políticos y sindicales, y ponen en jaque la rentabilidad y sustentabilidad del sector.

Dichas problemáticas plantean la piedra fundacional del controvertido y oscuro escenario que desandaremos en los próximos capítulos.

Pero también ofician como punto de partida para empezar a luchar por un futuro distinto. Hoy siento que tenemos la oportunidad de cambiar la historia; corrigiendo los desvíos que nosotros mismos generamos y asumiendo el desafío de transformar los errores del pasado en verdaderas oportunidades.

Personalmente, me niego a formar parte de quienes siguen desandando el camino de la desidia, porque considero que llegó el momento de luchar para lograr la vida eterna de la pesquería argentina.

# Chubut
# y el *Oro Naranja*

# 2

# Chubut y el *Oro Naranja*

Análisis sobre el apogeo del langostino en el mar patagónico

En primera instancia, vale la pena destacar que me interesa elaborar un análisis despojado de tecnicismos que enturbien la comprensión del escrito. Sin embargo, considero necesario aplicar ciertas consideraciones conceptuales que doten al texto de los recursos necesarios para que cualquier lector, y sobre todo aquellos menos avezados, pueda interpretar la génesis del escenario planteado.

Según la información científica, el langostino patagónico, también denominado comúnmente en la comunidad económica europea como "gambón argentino", es una especie de crustáceo decápodo nadador del género Pleoticus.

Habita al sudeste de América del Sur, al sudoeste del océano Atlántico, aunque tiene una distribución geográfica dilatada, la cual comprende las aguas litorales atlánticas desde la latitud de 20ºS, frente al estado de Espírito Santo, Brasil, siguiendo hacia el sur por todo el sudeste de ese país, continuando por las aguas uruguayas y argentinas hasta los 50°S, frente a Santa Cruz.

Si bien registra cierta presencia en la costa bonaerense, sus mayores concentraciones se dan frente al relieve patagónico, sobre la plataforma del mar Argentino, con aguas a temperaturas de entre 6 y 20°C e índices de salinidad de entre 31,5 y 33,5°.

Su ruta recorre las aguas próximas al fondo marino. De esta zona, la región de mayor densidad se encuentra en el golfo San Jorge, en aguas de las provincias de Chubut y Santa Cruz.

Históricamente, las poblaciones patagónicas de la especie fueron consideradas como pertenecientes a un único stock, pero en el año 2012 se ha propuesto la segmentación de las poblaciones de la Patagonia central en tres subunidades: Litoral de Rawson (43°30'S), Norte del golfo San Jorge (45°S) y Sur (47°S) de esa misma abertura geográfica, cada una de éstas representando un área de reproducción y crecimiento.

Entre las características biológicas del langostino patagónico se destaca que tienen un ciclo de vida relativamente corto (se estima que viven hasta dos años). Además, poseen una tasa de crecimiento alta y un gran potencial reproductivo.

En cuanto a su dimensión, los machos alcanzan tallas de hasta 18 centímetros de largo total y aproximadamente 50 gramos de peso definitivo, en tanto que las hembras llegan a 22,5 centímetros de longitud y a un peso de hasta 90 gramos.

El principal uso y prácticamente exclusivo de los langostinos es el consumo humano. En gastronomía son productos clasificados como mariscos, que se encuentran entre los más populares por su sabor y textura. Además, son considerados una fuente de proteínas y de alto valor nutricional, que aportan ácidos grasos, omega 3, magnesio, hierro, calcio y fósforo, entre otros minerales.

El langostino patagónico mantiene una destacada reputación en los principales mercados del mundo. Se diferencia sobre otras especies similares por su condición de producto salvaje, gran tamaño, intenso sabor y peculiar textura. El langostino entero compite en un nicho exigente con otros mariscos apreciados y de alto valor como las gambas.

La pesquería de esta especie objetivo (salvaje) es una actividad exclusivamente de captura marina, que se realiza en aguas de jurisdicción provincial (desde la costa hasta las 12 millas náuticas) y nacional (desde las 12 millas hasta el límite de la Zona Económica Exclusiva Argentina).

Como dijimos, se encuentra en dos áreas de explotación: la bonaerense y la patagónica. El área bonaerense concentra el recurso en aguas costeras al sur de la provincia de Buenos Aires, donde se lo captura a través de embarcaciones fresqueras de altura y costeras, cuyos desembarques registrados son relativamente bajos.

En cambio, en el área patagónica, se produce casi la totalidad de los desembarques de la especie. Allí, su pesca tiene una modalidad industrial, con buques fresqueros de altura y buques tangoneros (con procesado y congelado a bordo), contando también con presencia ascendente de buques costeros y artesanales.

El langostino es un recurso con incidencia histórica sobre la actividad pesquera en la Patagonia. Su explotación generó un impacto económico positivo en el sector que se trasladó a las ciudades costeras de la región como Rawson, Puerto Madryn y Puerto Deseado, donde se encuentran los principales puertos de desembarque, y en Comodoro Rivadavia y Camarones, en menor medida.

Las estadísticas oficiales poseen registros de descarga de langostino patagónico desde la década del 30. El volumen de capturas de la especie tuvo máximos de 2.500 toneladas anuales hasta la década del ochenta, cuando la pesquería de esa especie cobró mayor protagonismo.

Su alto valor comercial incentivó el ingreso de numerosas embarcaciones a la pesquería, que se hizo posible por las escasas restricciones de acceso. Así, el volumen anual de desembarques por buque y los totales se incrementaron notablemente con el paso del tiempo, hasta alcanzar las 22.994 toneladas en 1984.

No obstante, a partir de ese año, las descargas se mantuvieron fluctuantes como consecuencia de la plena explotación del recurso y los escasos controles en la pesquería.

A principios de la década del 90, se incorporaron buques especializados en la obtención del recurso que generaron un cambio tecnológico en las artes y métodos de captura. Esta flota provocó un importante aumento del poder de pesca y una mejora en la rentabilidad de los armadores, que se reflejó en un incremento de los desembarques globales que alcanzaron las 24.496 toneladas en el año 1992.

Desde el año 2000, el volumen de exportaciones de langostinos a nivel mundial creció exponencialmente cada año, en sintonía con el aumento de la producción mundial de estas especies.

Las condiciones ambientales favorables para el desove, sumado a un manejo acertado del recurso permitieron alcanzar en la Patagonia un nuevo pico de desembarques de casi 80.000 toneladas hacia 2001.

A partir de 2006 se produjo un vertiginoso crecimiento de la biomasa y de las capturas de la especie que comenzaron a arrojar volúmenes de ganancias exorbitantes.

Para tomar como referencia, en la actualidad, mientras la tonelada de filet de merluza se vende a USD 3800, la misma cantidad de langostino alcanza los USD 6500. Ésto es análogo a decir también que el kilo de ese crustáceo se comercializa en el mercado externo a USD 6.50, mientras que el de merluza lo hace solo a USD 3.80 y el de anchoa a USD 2.00.

Es por esto que, desde hace ya varios años, los empresarios y trabajadores denominan como "oro naranja" u "oro marítimo" al abundante caudal presente en el mar Argentino.

Eso ha hecho que, desde 2006 en adelante, la pesca de arrastre en el país se haya convertido en "langostino-dependiente", motivada por la búsqueda de maximizar las ganancias y conseguir divisas norteamericanas en el mercado internacional.

En el 2018, las exportaciones a nivel mundial se ubicaron en torno a las 3,3 millones de toneladas anuales por un valor que superó los USD 26.000 millones y reflejó un precio promedio de USD 7.800 por tonelada.

En Argentina, las provincias de Chubut y Santa Cruz se beneficiaron por la explotación del langostino a partir de la radicación de inversiones productivas y el consecuente incremento de ingresos fiscales.

Para que se tenga apenas una idea de su importancia económica, debemos alumbrar que sobre el total de dólares pesqueros exportados, casi el 60% corresponde al langostino. A nivel nacional, el recurso representa una fuente importante de divisas que generó un récord histórico de USD 1.300 millones en 2018.

Ese año, el volumen de desembarques alcanzó un máximo de 254.906 toneladas. Este fenómeno coincidió con un cambio en la estrategia de la flota tangonera, que consistió en capturar el langostino en aguas nacionales más lejanas a la costa, permitiendo el desarrollo biológico del recurso para obtener ejemplares de mayor tamaño.

Eso también fue de la mano con un incremento significativo del número de buques en la pesquería y el aumento de la participación en las capturas de la flota fresquera costera y artesanal del puerto de Rawson.

A su vez, en el marco de una crisis estructural de falta de dólares, la pesca se ha convertido en uno de los sectores que aportan más divisas a la Argentina, posicionando a esta especie, que se vende y exporta en billetes norteamericanos y a precios muy superiores al de otras, como la vedette del sector.

En ese contexto, Chubut se erigió como el escenario principal para su captura, procesamiento y exportación. Allí, actualmente, para capturar langostinos se emplean unos 84 buques que se distinguen según su eslora. Por un lado, la flota amarilla se compone de buques arrastreros que tienen mayor porte y autonomía y operan también en aguas de jurisdicción nacional y por el otro, aparecen los buques artesanales, que son más pequeños y actúan sobre las aguas de jurisdicción provincial.

Habitualmente, la captura promedio anual se ubica entre las 200.000 y las 250.000 toneladas, de las cuales casi un tercio corresponden a jurisdicción provincial de Chubut.

Durante el período 2000-2020, se manifestó un cambio importante en la composición de la flota que captura langostinos. Se ha observado que la flota fresquera ha ido ganando participación en los desembarques hasta superar a la flota congeladora en 2017.

A partir de ese año, los barcos fresqueros incrementaron aún más su participación en la pesquería. Este fenómeno se explica por el aumento en el número de permisos de pesca otorgado a ese tipo de embarcaciones, pero también por la retracción en la actividad de la flota congeladora que manifestó (en más de una oportunidad) una caída en la rentabilidad de sus operaciones.

La flota amarilla realiza sus capturas, principalmente, en aguas provinciales de octubre a marzo. Por lo tanto, el aumento de los desembarques de langostino fresco se concentra durante la temporada estival.

Rawson, Puerto Madryn y Puerto Deseado compartieron el 80% de las descargas de langostino en el país. Como dato adicional, vale mencionar que, en los últimos cinco años, sólo en el puerto de la ciudad de Rawson se descargaron más de 300 mil toneladas.

A su vez, ese aumento de la oferta del crustáceo fresco exigió disponer de una adecuada infraestructura portuaria, circuitos de logística y capacidad productiva suficiente de las plantas de procesamiento en tierra para estibar, transportar, almacenar y procesar el recurso desembarcado para su posterior comercialización.

Eso trajo aparejado que las empresas con plantas procesadoras en la región se convirtieran en las más importantes del sector.

En Chubut, según datos del Observatorio Pesquero del Sur Argentino, hay 50 plantas procesadoras, ubicadas principalmente en Rawson y Puerto Madryn, y, en menor medida, en otras ciudades como Comodoro Rivadavia y Trelew, consolidando a esa provincia también a la vanguardia del tratamiento de la especie.

Otro punto positivo es que ese proceso de transformación no requiere tecnología sofisticada, ni complejas técnicas, ni mano de obra especializada.

Con la llegada de un buque al puerto, el langostino capturado y almacenado en cajones termoaislados con hielo y metabisulfito de sodio, se retira de la bodega de las embarcaciones y se estiba en camiones refrigerados que transportan la mercadería a las plantas de procesamiento. Allí, se rellenan los cajones con hielo en escamas y, luego, se almacenan temporalmente en cámaras de frío a la espera del lavado, sulfitado y procesamiento del producto.

La mayor parte de la producción se procesa para la elaboración de productos enteros o colas congeladas, clasificadas según el tamaño y cuyo valor aumenta cuanto mayor sea la talla de los ejemplares. También se elaboran productos con procesos que agregan valor: pelado, pelado y desvenado y cocido, entre otros.

Los productos que más se exportan suelen ser aquellos con menor grado de transformación, mientras que los productos más elaborados, en general, se producen en plantas de procesamiento en tierra y se comercializan en el mercado interno.

Dado lo expuesto, en Chubut crece cada vez más la actividad pesquera en base a la explotación del langostino. Pero, permítanme reconocer, nobleza obliga, que esta fiebre por el Oro Naranja y algunos desaciertos de los actores comprometidos con su explotación, ponen en peligro el recurso pesquero y el futuro de la pesquería por varios motivos viscerales que son, en gran parte, los que me han motivado para la redacción del presente volumen.

El Estado
El Empresariado
Los Trabajadores

# 3

# Universo sociopolítico de la *pesca chubutense*

Agentes del nuevo escenario

Como observamos, la actividad pesquera en Argentina ha tenido un importante crecimiento. Desde el año 2006 los ingresos por exportación de productos pesqueros igualaron, y, en ocasiones, superaron a los de la exportación de carne vacuna.

Esa situación, rara y extraordinaria, se mantuvo hasta el año 2017, cuando la exportación de carne creció cuantitativamente duplicando nuevamente la exportación de productos pesqueros.

No obstante, en el año 2020 el sector pesquero exportó a nivel global por un valor que alcanzó los 1.729 millones de dólares.

Como consecuencia del resumen planteado en el capítulo precedente, podemos inferir que el langostino patagónico representa la mayor parte del comercio de productos pesqueros exportados, dado que a su elevado valor de venta también se suman las ventajas de la conservación en el proceso de tránsito de la mercadería que es exigencia sine qua non del mercado internacional.

La descripción realizada anteriormente ofrece un panorama actualizado sobre las características, el funcionamiento y el estado actual de la pesquería de langostino patagónico, que cuenta con un sinfín de fortalezas, especialmente vinculadas con la naturaleza del recurso, que brindan un interesante potencial de desarrollo para su cadena productiva.

El mercado mundial de la especie se encuentra en pleno crecimiento y el langostino argentino posee cualidades y características apreciadas internacionalmente, en donde los productos derivados tienen una destacada reputación, una firme demanda y un diferencial en precio en comparación con otras especies competidoras.

Asimismo, la abundancia de su oferta permitió ampliar su penetración en nuevos segmentos y mercados de consumo masivo. El producto pasó de tener una demanda más reducida a otra mucho más abundante, rompiendo con aquello que antes era un producto de la gastronomía gourmet o un bien exclusivo.

Si bien la pandemia desatada por el Covid – 19 generó algunos cambios en el comercio internacional (disminuyendo las ventas en el mercado asiático y aumentando las de norteamérica, por ejemplo), debemos reconocer que los principales mercados de exportación del langostino patagónico se corresponden con países de la Unión Europea, China y Japón. Habitualmente, se observa que España, Italia, el gigante asiático y los nipones, en conjunto, representan casi el 75% del volumen exportado del recurso.

El aumento sostenido en la abundancia de la especie modificó ostensiblemente el escenario de la pesquería chubutense. En primer lugar, llevó a que muchos empresarios reestructuraran sus industrias, inversiones y capitales, con la consiguiente organización y reorganización de sus representaciones gremiales para poder dirigir sus esfuerzos a esta especie.

Dicho estado de confort ha causado para la mayoría de los actores del sector, entre los que me encuentro, un desinterés total por la captura y posterior procesamiento de otras categorías autóctonas.

La merluza, la anchoa y otras especies, hace tiempo que han dejado de ser una opción rentable y todas las energías se vuelcan principalmente a la captura del langostino, simplemente porque ostenta mayores ganancias.

En esta actividad productiva es posible identificar agentes claves en función de los espacios que ocupan y resulta fundamental dividir las responsabilidades en tres sectores, que mantienen entre sí un intrínseco vínculo, probablemente tóxico, de convivencia. Éstos son los empresarios, los trabajadores, representados por sus sindicatos, y los dirigentes políticos.

Considero de suma importancia desglosar las responsabilidades de este trío espúreo, del que soy parte, y que, sobre todo en la última década, ha conformado un círculo vicioso sin precedentes.

De este modo, les propongo segmentar el análisis para conocer, en primera instancia, el entramado de cada actividad, para luego poder dilucidar, con expertis, el fin de sus acciones y su importancia en el crítico contexto actual.

## 3.1. El empresariado

En relación a los empresarios, hallamos fácilmente que se agrupan y organizan en cámaras según la diversidad de sus propios intereses. A nivel nacional, las diferentes empresas de la industria pesquera se reúnen en al menos doce cámaras muy diversas entre sí.

Dichas entidades representan a empresas integradas por propietarios de buques y plantas de procesamiento; propietarios solo de buques pesqueros; propietarios solo de plantas de procesamiento o se concentran según el tipo de buque (costero-fresquero-congelador-artesanal).

Asimismo, es imprescindible entender que la mayoría de las empresas que forman las cámaras empresariales compiten por la misma especie, siendo en la actualidad, como ya dijimos, el langostino la de mayor importancia.

Este avistaje de la organización empresarial del sector pesquero nos permite trazar un primer mapa del conjunto de cámaras empresariales, haciendo observable su abundancia, heterogeneidad y atomización. Incluso en contextos donde el recurso pesquero y la flota influyen en los agrupamientos, estos tienden a construir más cámaras en lugar de unirse.

En mi caso, soy miembro de la Cámara de la Flota Amarilla de Rawson (CAFACH) que se conformó en 2014 en esa ciudad de la provincia de Chubut. La entidad surgió como resultado de una reestructuración de la Cámara de Flota Pesquera Costera de esa provincia (CAFCOS), constituida en el año 2000, y representa a la flota costera, agrupando a un total de 25 socios y 27 embarcaciones.

El sector atraviesa un nuevo momento de cambio y transformación en relación a la especie objetivo. En los últimos años, como dijimos, se produjo un pasaje y reorientación de merluza a langostino, en tanto éste último se convirtió en la especie que estructura los negocios del sector, en función de su demanda y precio internacional.

La industria pesquera es el segundo pilar de la economía de Chubut, detrás del petróleo, y ubica a la provincia entre las primeras cuatro principales exportadoras de Argentina. En ese contexto, es importante resaltar que de esas empresas dependen miles de empleos y millonarias inversiones para la región.

Ahora bien, ya conocida en resumidas líneas la organización empresarial y sin ánimo de aburrir con el organigrama del sector, emerge el objetivo de comprender el universo de los asalariados.

## 3.2. Los trabajadores y su organización sindical

El crecimiento del sector conlleva a que los trabajadores se organicen y agrupen en diferentes gremios y sindicatos, teniendo como objetivo que las tareas operativas deban ser coordinadas y realizadas en tiempo y forma de manera ordenada, en pos del beneficio recíproco de todas las partes intervinientes.

Las disímiles actividades de la industria pesquera son realizadas por los trabajadores portuarios clasificados en estibadores, guincheros, apuntadores, choferes, etc.; los cuales han conformado sindicatos teniendo una gran presencia y actividad gremial, a nivel nacional y provincial. Eso implica que los gremios sean protagonistas cotidianamente en el quehacer portuario y, como tal, que sus decisiones impacten directa o indirectamente en la actividad pesquera.

Los trabajadores marítimos han demostrado en la historia argentina un poder asociativo y una capacidad de acción sindical de gran alcance, relacionados con la ubicación estratégica del sector dentro de la economía agroexportadora y el consecuente poder de presión ante gobiernos y empresas.

En la actividad productiva actual de la industria pesquera es posible identificar trabajadores claves según tres momentos del proceso productivo: la captura, la etapa de post-captura y procesamiento en tierra, y el momento de distribución de la materia prima.

Según ese esquema pueden diferenciarse seis grandes grupos de asalariados.

En la provincia de Chubut, los que van "al agua" como se dice en la jerga sectorial, se dividen en:

- SOMU (Sindicato de Obreros Marítimos Unidos), que son los marineros a bordo de las embarcaciones pesqueras.
- SICONARA (El Sindicato de Conductores y Motoristas Navales), que son los maquinistas a bordo también de los buques pesqueros.
- A.A.C.P. y PP (La Asociación Argentina de Capitanes, Pilotos y Patrones de Pesca), que son los capitanes y patrones a cargo de las embarcaciones.

Luego también se destacan quienes trabajan en la actividad portuaria, a cargo de la estiba o descarga de los buques y el alistamiento de los mismos, que son el SUPA (Sindicato Unidos Portuarios Argentinos).

También se encuentran los afiliados al Sindicato Argentino de Obreros Navales y Servicios de la Industria Naval de la República Argentina (SAONSINRA).

Por último, en las plantas procesadoras aparece el STIA (Sindicato de Trabajadores de la Industria de la alimentación) cuyos miembros están a cargo de toda la línea de procesamiento de mercadería, desde su ingreso a la planta hasta su salida para su posterior exportación (en su mayoría) o venta de mercado interno (en minoría).

Para el caso de mar del plata, una facción del STIA la ocupa el SOIP (Sindicato Obrero de la Industria del Pescado) y el SOMU compite con otra facción de personal embarcado como es el SIMAPE (Sindicato Marítimo de Pescadores).

Cada gremio tiene su propio convenio colectivo de trabajo y el marco en el que se desarrollan las actividades está dado por las generalidades que determina la Ley de Contrato de Trabajo (N° 20744), la Ley de Puertos 3755 y los Convenios colectivos de Trabajo respectivos a cada actividad.

De ese modo, cada grupo tiene un nivel de impacto diferente sobre la actividad pesquera y portuaria debido a las particularidades de cada conjunto de personas que trabajan en los puertos y a los diferentes compromisos sindicales.

En el caso de los puertos de la Patagonia Argentina, los que se encuentran en la provincia de Chubut son los de mayor importancia socioeconómica para la región. Dicha envergadura también trae aparejado un aumento en la cantidad de actividades que se realizan y, por lo tanto, un aumento en la cantidad de personal que trabaja en las distintas áreas y actividades que allí se realizan. A su vez, eso conlleva una mayor presencia de los sindicatos.

A partir de la década del 2000 comenzaron a tener cada vez mayor relevancia los grandes conflictos sindicales de los trabajadores del puerto y sus gremios. Y más aún a partir del 2006, con la explosión del "oro naranja". Allí, los sindicatos encontraron herramientas de reposicionamiento y excesivo protagonismo, llegando, muchas veces, a la utilización innecesaria de métodos coercitivos.

Por todo esto, está más que claro que los trabajadores del sector, constituyen un gremio líder en el movimiento obrero argentino debido a su posición estratégica dentro del modelo económico nacional.

Ahora bien, el empresariado y los trabajadores sindicalizados fluctúan su relación en torno a una coyuntura que también depende de los manejos o desmanejos del gobierno nacional y provincial, así como también de los representantes legislativos y de la clase política en su conjunto.

## 3.3. Estado y dirigencia política

Los atributos y condiciones naturales del mar Argentino lo convierten en un caladero de gran riqueza e importancia, por lo cual debería ser objeto de una política pesquera orientada hacia una explotación sostenible de sus recursos.

En ese aspecto considero necesario diferenciar claramente las normativas vigentes, de su ejecución y de los actores políticos que intervienen tanto desde el estrato oficialista como desde la corriente opositora.

En cuanto al soporte jurídico, a nivel nacional, la principal normativa de esta política es el Régimen Federal de Pesca (Ley Nº 24.922), sancionada el 9 de diciembre de 1997.

Desde su origen, promueve la sustentabilidad y apunta a fomentar el ejercicio de la pesca marítima compatibilizando el máximo desarrollo de la actividad en el mar con el aprovechamiento racional de sus recursos vivos y su protección a largo plazo.

El acento en el carácter federal de la ley proviene de la extensión de la jurisdicción de las Provincias con litoral marítimo sobre el mar territorial adyacente a sus costas, en consonancia con la jurisdicción de la nación más allá de las doce primeras millas marinas, dentro del marco que establece la ley.

También marca ese carácter federal el diseño legal del Consejo Federal Pesquero, organismo rector de la política pesquera nacional y principal regulador de la actividad. En especial, por su composición colegiada de cinco representantes provinciales y cinco provenientes del Estado nacional.

La ley contempla los diversos aspectos relevantes para la pesca marítima: la investigación, la conservación y administración de los recursos vivos del mar, y un régimen de pesca para determinadas especies (que ha impuesto la administración por Cuotas Individuales Transferibles de Captura) con su correspondiente reglamento de infracciones.

Dicha norma, con sus modificaciones y su decreto, ha sido el soporte jurídico sobre el que se ha diseñado la política pesquera nacional.

Por su parte, a nivel provincial, Chubut vive actualmente tiempos de cambio en cuanto a la reglamentación de la pesquería.

Desde 2007 y hasta fines de 2022 la actividad pesquera estuvo regida en base a la "Ley de Pesca Marítima de Chubut IX Nº 75", pero el propio desarrollo sectorial y los cambios mencionados en la captura de la especie objetivo han causado que dicha norma fuera perdiendo vigor y que se planteara la necesidad de actualizar considerablemente el marco normativo.

Afortunadamente, y de manera contemporánea a la redacción de estos escritos, en diciembre de 2022, se aprobó entre gallos y medianoche el proyecto 72/22 de "la nueva ley de pesca provincial", que introdujo muchas modificaciones que, a priori, buscan enmendar algunos de los vacíos legales que nos han traído aparejados tantos dolores de cabeza en los últimos años.

En teoría, tanto la antigua como la flamante norma fueron sancionadas para garantizar la transparencia de la explotación pesquera y el resguardo de los recursos naturales, así como también por la protección del ecosistema acuático y el medio ambiente.

Sin embargo, en la práctica, y sin querer caer en una postura pesimista sobre la actual y futura implementación de la nueva reglamentación, la situación es muy diferente, dado que las leyes no solo suelen no cumplirse, sino que, además, parecieran ser interpretadas a gusto de los actores intervinientes.

Por su parte, como si eso fuera poco, observamos también que los dirigentes políticos, encargados de su ejecución y cumplimiento, demuestran, en la mayoría de los casos, no estar a la altura de las circunstancias.

Ahora bien, esta breve descripción del trípode que conforma el entramado pesquero y sus acertados como desacertados manejos, sirve de antesala para analizar la crisis cada vez más pronunciada que sufre la industria del rubro en la provincia de Chubut.

Así, cada año, en vísperas del inicio de la zafra del langostino patagónico se monta una verdadera batalla de intereses entre algunos sindicatos, que dicen defender los derechos de sus afiliados, y los empresarios.

Al conflicto se le suman intereses políticos, la burocracia y algo de desidia estatal, el periodismo "a la carta" y la demagogia de ciertos funcionarios públicos que conforman una matrix depredadora, a través de la cual los actores del sector conviven dentro de un escenario de enemistad cómplice en el que se están exterminando a sí mismos.

La multiplicidad de actores requiere de responsabilidad sindical, empresarial, política y mediática que otorgue las garantías necesarias para la continuidad de una actividad económica que da sustento a miles de familias y que motoriza de manera explosiva la economía regional.

Como dijo el "Tío Ben" en la película "Spider Man" a Peter Parker: … "un gran poder conlleva un gran responsabilidad"; y aquí, justamente, lo que sobra muchas veces es poder de los distintos actores sectoriales, pero falta mucha responsabilidad.

"A quien le quepa el sayo, que se lo ponga" dice un viejo proverbio surgido de lo popular…

# 4

# La *Matrix* pesquera

## Nada es lo que parece

Desde la filosofía griega a la contemporánea, el film estadounidense "Matrix" nos planteó cuestiones existencialistas de la ideología de todos los tiempos. La trilogía mencionada fue un rotundo éxito de taquilla pero, además de entretener, planteaba una serie de reflexiones muy interesantes que buscaré detallar brevemente para interpretar su vinculación con la industria pesquera.

La película protagonizada por Keanu Reeves pertenece al género de las distopías, que se refieren a las sociedades ficticias indeseables. Su argumento plantea un futuro en el que, tras una dura guerra, casi todos los seres humanos han sido esclavizados por las máquinas y la inteligencia artificial.

Esos artefactos tienen a las personas en una especie de incubadora en suspensión y con sus mentes conectadas a una realidad virtual. De esa manera, los humanos enchufados, "viven" en una realidad artificial y son utilizados para obtener energía.

Tomando con el mayor de los respetos esa saga cinematográfica, considero propicio trazar una analogía con el mundo pesquero de la provincia de Chubut, en donde lo que se ve, tampoco tiene nada que ver con lo que realmente sucede.

El film, al igual que la pesquería, esconde tras su trama verdaderas reflexiones que repasaremos brevemente para que el lector interprete la concepción.

El componente filosófico de la película es el problema de lo real. A mi criterio, el matiz que aparece es análogo a las concepciones de René Descartes y de Jean Paul Sartre.

En la película existen dos mundos: el real, donde las máquinas controlan a los hombres y mujeres y los siembran para obtener energía, y el de Matrix, un mundo virtual donde las mentes de los humanos son esclavizadas para hacer que éstos crean que viven en la normalidad.

Justamente, Descartes se preguntó: ¿Cómo saber si en este preciso momento no estamos soñando? Para él, el hombre es la unión de cuerpo y mente, pero solo de la mente puede provenir nuestra seguridad, porque concibe al hombre como una cosa que piensa.

El paralelismo entre la filosofía de Descartes y la película es claro: no se distingue la realidad del sueño y existe un genio maligno que es el creador del engaño.

En tanto, en el sector pesquero chubutense pasa algo muy similar. Todo está corroído por un sistema cómplice, en donde se avanza como producto de un engranaje general y en el cual, cuando alguien adopta una postura disruptiva, es desconectado del servidor.

En este caso, el genio maligno proviene de todos los agentes intervinientes, sin distinción, quienes ofician de guionistas, siguiendo la trama que les sea propicia según sus propios intereses.

A su vez, a lo largo de la trilogía se plantea el problema del existencialismo, ya que se afirma que nada de lo que creíamos que existía, existe realmente; sino que se trata de una simple alucinación creada por unas máquinas para sacar beneficios.

Para analizar este aspecto filosófico podemos acudir a Jean Paul Sartre, representante del existencialismo. Su filosofía se refiere a la libertad humana y a la no creencia en el destino. La idea fundamental es la de la elección y sostiene que "si no elijo, también elijo".

En la película, vemos cómo el sistema nervioso de la mayoría de las personas está conectado a una realidad virtual. Allí, todos desconocen que viven en un mundo ficticio y no hay manera de que lo sepan, a menos que sean desconectados.

En la pesquería también se eleva a la sociedad, a los trabajadores y a la opinión pública en general un discurso demagógico que está a años luz de la realidad imperante. En este punto, como ejemplo, podemos afirmar que algunas campañas de prensa de distracción y varias declaraciones de cada uno de los actores sociales también forman parte de la matrix, con las que se busca tener a toda la gente mirando hacia un lado, cuando en realidad se está haciendo otra cosa.

La matrix pesquera no distingue entre empresarios, sindicalistas, funcionarios y dirigentes políticos que parecen protagonizar un ambiente de relación entre cosas y sucesos creado y controlado artificialmente para que todo siga su curso, simulando un escenario propicio de desarrollo sectorial.

Cambiar alguna línea del guión bien podría echar por tierra el proceso y complicar el normal cauce de un negocio que, aún viciado en todas sus formas, cumple con el objetivo mercantilista que persigue.

Es muy difícil y complejo desempeñarse en un rubro en donde la política habitualmente, no solo no funciona correctamente, sino que, muchas veces, es funcional a una bandería o militancia que se convierte en una máquina de oponer.

Desde mi experiencia, considero que en la política vinculada al sector pesquero no hay suficientes funcionarios idóneos, y los hay menos aún, que tengan realmente la intención de cambiar o mejorar la actividad en su sentido más amplio.

Históricamente, se ha dado en reiteradas oportunidades que buscan monetizar sus gestiones en beneficio de sus propios intereses. He vivido en carne propia como un alto ejecutivo del gobierno provincial encabezó una carrera de desprestigio sobre mi persona por el mero hecho de haberle negado una importantísima suma de dinero para financiar su campaña política.

Las acusaciones incluyeron denuncias en la justicia federal, por evasión, lavado de dinero y asociación ilícita. El querellante recorría a diario todos los medios con pauta oficialista diciendo que iba a combatir la corrupción, afirmando que todos los empresarios pesqueros estaban vinculados al poder.

A su vez, con el tiempo, la denuncia ya no era noticia pero algunos medios periodísticos provinciales seguían con el tema y trataban de entorpecer la actuación del fiscal.

Eso es justamente lo que denomino como el famoso "periodismo a la carta", otra arista secuaz de la compleja máquina virtual en la que una parte del periodismo, y principalmente con el auge de las redes sociales, se ha consolidado como una herramienta de presión y extorsión. El negocio dejó de ser público para convertirse en privado y afín a los actores sociales que soliciten los servicios, directa o indirectamente.

Aquí se dio otro claro ejemplo de matrix, a partir de la cual la gente empezó a comprar un discurso que había nacido justamente a partir de un pedido de coimas del propio denunciante.

Lo mismo ocurre con algunos gremialistas, que se la pasan desfilando en los medios de comunicación reclamando por el mero hecho de reclamar y buscando frenar cualquier iniciativa o acción que pretenda mejorar el escenario, para luego negociar con el empresariado y acallar las voces.

En el caso de varios legisladores se observa el mismo modus operandi, dado que plantean a viva voz ante la sociedad que hay que garantizar el empleo, que hay que redistribuir la riqueza, que hay que generar fuentes de trabajo locales, y después piden miles de dólares para cajonear un proyecto y para sancionar o vetar una norma.

Ciertas autoridades de control de los navíos también se suman a la lista, siendo que se comprometen con las inspecciones sólo en el caso de que no tengan un vínculo amistoso con los empresarios o si no reciben ninguna ayuda económica extra por parte de los mismos.

No obstante, la educación moral que he recibido por parte de mis padres me obliga a reconocer que el empresariado también forma parte de ese guión artificial que se intenta instalar en el inconsciente colectivo.

La metástasis a veces corre más rápido de lo esperado y las urgencias de negocios imponen a la casta empresarial la necesidad de jugar con las mismas reglas y caer en oscuras negociaciones que destraben los conflictos que causan pérdidas millonarias al sector.

Ahora, si bien la actitud de ninguno de los sectores es justificable, entiendo que es natural que el empresariado forme parte de esa mecánica porque persigue un fin de lucro y corre riesgos. Pero es inadmisible que algunos funcionarios del Estado y ciertos dirigentes políticos corran detrás del negocio, cuando en realidad deberían bregar por los intereses del pueblo en su conjunto.

En ese marco, lamentablemente uno tiene que lidiar con un montón de ineptos que buscan aprovechar sus gestiones en pos de hacer negocios espurios.

Todo es una matrix cada vez más compleja y debemos sobrevivir. Las reglas nunca estuvieron ni están claras, dado que todo se maneja sobre una base de grises en la que negociar y transar con todos forma parte ineludible de la actividad.

Para cambiar esto habría que trazar una línea generacional e ir aportando pequeños granitos de arena. Es imposible hacerlo de la noche a la mañana, porque la madurez social se alcanza solo con acciones propositivas prolongadas en el tiempo.

La matrix pesquera es la mejor demostración de lo patéticos que somos como sociedad, en donde uno debe sumarse a esa ingeniería o se verá obligado a abandonar la actividad.

Pero, a pesar de todo, es necesario destacar que si bien esa matrix pesquera no implica en sí misma el peor escenario, es real que maquilla los conflictos y no hace más que pronunciar una socavada crisis pesquera que pocos reconocen como tal.

Entre esos puntos, aparecen ciertos factores como la falta de diversificación de la matriz productiva, una estructura laboral ineficaz, la escasa capacitación sectorial, la necesidad constante de actualizar y adaptar el marco normativo, la pesca destructiva, el daño ambiental y la falta de compromiso de algunos actores que podrían exterminar la sustentabilidad de la actividad.

En ese escenario crítico, entiendo que lo más difícil para todos los que participamos del sector es mirarnos al espejo, porque nos devuelve nuestra propia imagen, en la que, generalmente, solo vemos lo que queremos ver, porque cada ser humano tiene una percepción distinta de la realidad.

Sin embargo, el desafío que propongo entre estas líneas busca analizar las diferentes problemáticas que plantea el sector, entendiendo a la pesquería como aquel cristal que nos devuelve una imagen propia que no debemos idealizar, para lograr una mirada autocrítica que realmente nos acerque a la verdad.

En tanto, el desarrollo de esta obra plantea en los próximos capítulos un análisis pormenorizado de todos los conflictos y sus eventuales vías de solución.

“Lo más difícil para todos los que participamos del sector es mirarnos al espejo, porque nos devuelve nuestra propia imagen, en la que, generalmente, solo vemos lo que queremos ver, porque cada ser humano tiene una percepción distinta de la realidad.”

CAPÍTULO 5

# 5

# Falta de diversificación de la *matriz productiva*

El cruel entramado que constituye la ya mencionada matrix pesquera sale a flote cada año en donde todos los actores se relacionan con una simbiosis particular.

Cada sector necesita especialmente del otro para que la actividad siga su curso y eso hace emerger una conflictividad cómplice que sostiene la estructura productiva y laboral en el corto plazo, sin evaluar los daños colaterales que producirá en el futuro.

En el capítulo tercero de esta entrega ya analizamos el apogeo del langostino en el mar patagónico y, específicamente en la provincia de Chubut, donde destacamos los factores, sobre todo económicos, que han motivado a que el rubro cercene la actividad a la captura y procesamiento del langostino, casi como única y exclusiva especie objetivo.

Permítanme reiterar que los moluscos (el calamar principalmente) la anchoa y los filetes (la merluza hubbsi) conforman las otras tres partidas que predominan también en las ventas de pescado al mercado internacional, aunque el ya mencionado valor superlativo del crustáceo, causó que la mayoría de los buques y las plantas procesadoras de Chubut trabajen, en un 95%, sólo con esa especie.

Un ejemplo bien claro de esto es que la mayoría de las empresas rechazan habitualmente las vagas propuestas del gobierno para pescar y procesar las otras categorías en la época de la interzafra, que se da entre marzo y junio.

Esta cadena productiva, ligada a la explotación del "oro naranja" es una de las más importantes del país, con demanda de mano de obra directa e indirecta y generación de divisas a través de las exportaciones. En ese contexto, la provincia de Chubut ha picado como punta de lanza en la actividad.

Las estadísticas demuestran que la participación del Puerto de Rawson en los desembarques nacionales de langostino alcanzó un 41% en 2020. En la última década se produjo en dicho amarradero la instalación y ampliación de plantas pesqueras y el reacondicionamiento de tres astilleros.

Una estimación del Municipio de esa ciudad señala que la actividad pesquera genera más de tres mil puestos de trabajo en una veintena de empresas durante la zafra, distribuidos en plantas pesqueras, estiba y personal embarcado, logística y distribución de la producción.

Desglosando la tarea en sí, vale detallar que la pesca y el procesamiento se realizan en dos temporadas o zafras interanuales: una provincial y otra nacional. Allí, durante alrededor de 6 meses la flota amarilla (provincial) o la flota roja (nacional) realizan la captura, y las plantas de procesamiento trabajan a pleno, con jornadas laborales extensas, ya que los trabajadores, en cámaras con bajas temperaturas, limpian y cortan el crustáceo y lo empacan para luego congelarlo hasta el momento de su transporte.

En esas industrias hay un total aproximado de trece mil trabajadores que se catalogan en tres tipos. Están los efectivos, que en la mayoría de las empresas son una minoría (un 10% aproximado del total), los trabajadores eventuales, que son la mayoría, que se desempeñan solo hasta finalizar la zafra, y, por último, los empleados en negro, que trabajan por día o durante la temporada y que cobran por hora (siendo actualmente éstos últimos una minoría en Chubut).

En el caso de los trabajadores en blanco, cada uno de ellos se encuentra afiliado a alguno de los sindicatos mencionados durante la presentación de los diversos actores sociales, constituyendo dicho vínculo gremial uno de los puntos de conflicto con el empresariado que llevan al sector pesquero a la falta de diversificación de la matriz productiva que enuncia el presente apartado.

En detalle, para desterrar de entrada las críticas que podrían resultar de una posición en contrario, considero válido reconocer que el principal responsable de la captura y explotación de una sola especie ha sido el empresariado chubutense.

Lejos de deslindar responsabilidades, entiendo que es imperativo para la transparencia de mi análisis, reconocer que el sector al que pertenezco ha decidido, desde hace más de una década y media, dedicar toda su energía al recurso que le otorga mayores ganancias.

El primer interrogante que surge ante mi relato es ¿qué es claramente lo que hace el empresario argentino? y la respuesta es muy simple, "va a lo seguro, a lo más rentable".

Y esto ocurre porque se persigue solo lo que se denomina "el costo de oportunidad", es decir que aplicamos nuestros esfuerzos en lo que nos va a dar una mayor rentabilidad. De ese modo, está claro que los conglomerados industriales se preocupan solo por una actividad que les devuelva una ganancia proporcional al riesgo asumido.

Y bajo esa desidia subyace una de las principales causas de este desmanejo. En Argentina, los empresarios pesqueros hacemos explotación pero muy poca exploración.

Darle importancia a una sola especie trae aparejados muchos inconvenientes. El primero es un problema de sustentabilidad, porque una flota muy eficiente que sólo dedica sus esfuerzos a un solo recurso pone en riesgo su sostenimiento en el tiempo, dependiendo sólo de la apertura y cierre de esa temporada y de que esa especie no altere su recorrido.

Todos los años, el empresariado debe invocar a dios para que el langostino vuelva a pasar por ese diminuto puntito del mar chubutense para poder reactivar una actividad portuaria que se muestra inerte durante casi seis meses.

Poner el foco en otras especies históricas ya no es de su interés. Porque plantar en mar y en tierra toda la ingeniería que supone la pesca de otras categorías, con mínimas ganancias, aparece hoy como algo muy lejano en la consideración.

Pero eso también pasa porque en los últimos diez años se ha producido un viraje sin precedentes en el status de los empresarios langostineros. La explosión del oro naranja los ha posicionado frente a un tope de gama que les ha sido esquivo en el pasado.

Desde su génesis, el empresario pesquero siempre ha sido muy sacrificado y de clase media, alguien que peleaba cada marea para obtener réditos apenas moderados.

Sin embargo, los industriales langostineros son ejecutivos muy fuertes en el quehacer provincial y nacional. Son empresarios de clase alta que tienen restos económicos que le permiten incursionar en un montón de inversiones por fuera de su actividad primaria, lo que los ha llevado a optar sin prejuicios por el cese de las actividades fuera de la temporada alta del langostino.

En síntesis, los sectores patronales han preferido parar la flota pesquera entre los meses de abril y agosto, antes que sostener un alto costo de funcionamiento con muy bajo rédito.

Hasta aquí podríamos inducir una práctica habitual del sistema capitalista que no puede sorprendernos. Esa doctrina económico y social utiliza el mercado como un mecanismo para emplear eficientemente los recursos y poseer un capital que genere mayor riqueza.

Pero llamativamente, esa decisión de la industria pesquera chubutense no tiene un asidero mercantilista que se corresponde sólo con la veta empresarial, porque el resto de los actores sociales, encabezados por los sindicatos, también ostentan un altísimo grado de responsabilidad.

Con el boom del langostino, la torta se hizo mucho más grande y todos los sectores comenzaron a negociar una porción cada vez más importante.

Inicialmente, el gremio tenía un pedazo menor, porque los mayores ingresos provenían de la merluza, siendo esa una especie que no entrega grandes ganancias. Pero cuando explotó la pesca del langostino, los sindicatos enseguida buscaron el modo de posicionarse como contralor del negocio y empezaron a reclamar sueldos acordes proporcionalmente a las ganancias obtenidas por los empresarios.

Cuando comenzó a proliferar el oro naranja, realmente los sueldos de los trabajadores eran bajos. Pero luego, el avance de la tecnología y el acceso a la información, los llevó a comprender el negocio del que eran parte y comenzaron a reclamar salarios exorbitantes.

Desde mi lugar, veo con buenos ojos la pelea por las conquistas laborales, pero también entiendo que, en exceso, se convirtieron en un arma de doble filo que hoy atenta contra el normal desarrollo y la sustentabilidad del sector.

Actualmente, las remuneraciones del personal embarcado y portuario son muy altas y causan envidia en casi todo el resto de los sectores productivos. Y se llegó a esos valores tan elevados porque durante muchos años, sobre todo durante el gobierno de Mauricio Macri (2015-2019), los empresarios hemos cometido un sinfín de errores.

En esa etapa, la fuerte devaluación del peso coincidió con el mejor momento de la pesquería del langostino, con precios que aumentaban a un valor exorbitante, y motivó al empresariado chubutense a conciliar, todos los años, subas salariales desmedidas, ubicadas varios puntos por encima de la inflación, tratando de alcanzar rápidos acuerdos con todos los sindicatos para evitar así una paralización de la actividad.

La idea siempre fue esquivar conflictos a toda costa, porque cualquier protesta que se desatara iba a afectar la operatividad portuaria, ya sea que se produjera en buques, por marineros, en muelle, por estibadores, o en las rutas, por camioneros, siempre retrasarían las exportaciones, ocasionando graves demoras en el círculo económico y pérdidas millonarias.

Esa torpeza empresarial que decidió regular la totalidad de los salarios y costos tomando como referencia el índice langostinero, le quitó por completo la vista al resto de las especies marinas que no son tan rentables. Había mucho langostino, costaba mucha plata y no importaba cuánto se estaba pagando, porque las ganancias eran increíbles.

Ahora bien, si en el caso del trabajo sobre la captura y procesamiento del langostino, los salarios de los trabajadores presentan ganancias proporcionales a los beneficios industriales, eso mismo debería ocurrir con otras especies que no son tan rentables.

Y aquí comenzamos a desandar uno de los puntos calientes de la cuestión porque los empresarios dejan de ser los únicos responsables del parate de la actividad que se produce durante la temporada baja del langostino y ahora comparten su rol con los gremialistas que se niegan a bajar sus pretensiones salariales para poder explotar otros recursos pesqueros.

Así observamos como marineros, capitanes, estibadores y empleados de las plantas procesadoras pretenden cobrar lo mismo por la pesca del crustáceo que por cualquier otra especie.

Está claro que un embarcado que gana muchísimo dinero en seis meses, no quiere trabajar la merluza por menos del 40% de lo que obtiene habitualmente con el langostino.

En el caso de los estibadores pasa lo mismo. El gremio plantea que el cajón de langostinos pesa 17 kilos y que el de anchoas trepa a 35, entonces no quieren esforzarse más por menos dinero, sin comprender que unos tienen valores análogos a las monedas de oro y los otros, a las piedras.

También es importante no dejar de lado a las plantas procesadoras que seleccionan, filetean y empaquetan el pescado, porque se trata del sector que se lleva la mayor parte de la masa salarial.

Si bien allí los sueldos no son tan elevados, hay que contemplar que un barco tiene diez empleados, mientras que esos establecimientos de proceso alcanzan una nómina de alrededor de trescientos trabajadores, cuyos sindicatos tampoco ceden y también quieren obtener los mismos ingresos que durante la temporada del oro naranja.

Eso también ocurre con los fleteros que quieren ganar lo mismo por transportar langostino que por trasladar cualquier otra especie.

Siguiendo entonces la lógica gremial, el escenario plantea que para abrir la pesca durante los doce meses del año, los empresarios deben afrontar las mismas obligaciones pero obteniendo apenas una quinta parte de las ganancias.

Entonces, la decisión de los industriales es más que obvia, resuelven las revueltas paralizando la actividad. Así, cada año se repite el mismo escenario, con idénticas disputas y un mismo resultado, que no permite romper con esa estructura laboral ineficaz, ni promover un mayor progreso y desarrollo del sector.

En realidad, está claro que aquí deberían trabajar en el principio de distribución del esfuerzo compartido, donde todas las partes ajusten equitativamente su valor contractual, pudiendo de esta manera ingresar nuevas especies a la actividad.

Pero eso no ocurre porque todo está tan sobrevalorado que nadie quiere dar un paso atrás, para poder comprender los errores del pasado y revisar la situación actual.

De todos modos, la coyuntura ahora va mucho más allá de esa puja de intereses, porque entre 2019 y 2021 el crustáceo estrella mostró algunas señales de agotamiento, según las campañas de investigación a cargo de científicos del INIDEP (Instituto Nacional de Investigación y Desarrollo Pesquero).

Siguiendo esos datos, y aunque en 2022 se produjo un récord histórico en las capturas, superando Rawson por primera vez las 91 mil toneladas, los estudios proyectados estiman que en los próximos años podría haber un lento pero preocupante retroceso en las descargas del principal recurso de la pesca nacional en los puertos patagónicos.

Ya se observa una disminución de las categorías de tallas superiores, sumadas a un aumento de las de tallas inferiores. Esto se debe, en parte, a la sobreexplotación y a que el crustáceo no alcanza a reproducirse como corresponde.

Está claro que, durante los últimos quince años, en Chubut creció la actividad pesquera en base a su explotación, pero esa fiebre y depredación del oro naranja pone en peligro el recurso pesquero y el futuro de la pesquería provincial.

Además, la explotación de una solo recurso ha hecho que se produzca una superpoblación de otras especies, como la merluza, atentando contra los crustáceos y fomentando su futura extinción.

Ante esto, comenzaron a encenderse las alarmas entre los diferentes sectores, y las meras inquietudes por multiplicar las especies objetivo parecen convertirse, en el corto plazo, en fines de primera necesidad.

Esa situación nos obliga a elaborar estrategias que modifiquen el escenario actual y que garanticen la sustentabilidad del sector, basándonos en la búsqueda de una madurez empresarial, sindical y política que permita establecer una mesa de enlace y un diálogo coherente entre todas las partes.

Sin embargo, hay otros actores sociales que sobrevuelan el conflicto y que considero, quizás, como los que ostentan un mayor grado de autoridad y capacidad de resolución frente al conflicto planteado.

Se trata, nada más ni nada menos, que del Estado provincial, de los funcionarios y del resto de los dirigentes políticos.

Ese sector, tan controvertido como importante, tiene entre sus manos la oportunidad de trabajar en conjunto para incorporar políticas pesqueras que apunten al bien común, actualizando y cumpliendo de manera constante un marco normativo que oficie de mediador entre los intereses de cada una de las partes involucradas.

El Oso, de Jorge Bucay

# 6

# El rol del Estado y *la Política*

El Cuento del Oso.

Método de supervivencia política.

Históricamente ha habido una falta total de políticas pesqueras que apunten a garantizar la diversificación de las capturas. En ese sentido, es parcialmente incongruente que las autoridades de la Secretaría de Agricultura y Pesca, a nivel nacional y provincial, no terminen de instrumentar los mecanismos necesarios para impulsar la actividad durante los trescientos sesenta y cinco días del año.

Hasta el momento nunca se han elaborado ni planificado acciones basadas en políticas reales, sino que, por el contrario, siempre se ha trabajado tapando baches, resolviendo conflictos emergentes pero nunca con proyección de futuro.

Desde sus orígenes, en Argentina, y mucho más aún en la provincia de Chubut, la pesca ni siquiera ha formado parte del panel de control de la política. La actividad solo se visibiliza cuando hay algún conflicto gremial. Es ahí cuando los políticos tratan de emparchar la situación y no mucho más.

A lo largo de los años, en lugar de desarrollar más actividades y consensuar políticas concretas con el resto de los sectores, el Estado, o al menos una buena parte, sólo trabajó para agregar una mayor presión tributaria que no hizo más que generar enfrentamientos sin sentido.

El asistencialismo gubernamental ha aumentado históricamente el gasto público y así, en lugar de bajar sus costos, los gobernantes han optado siempre por la emisión indiscriminada de billetes, fomentando un espiral inflacionario por el que siempre han decidido echarle la culpa a los empresarios.

Eso ha aumentado la presión fiscal, ha desalentado la inversión y el desarrollo de la actividad. El Estado pretende retener, con impuestos al sector, los recursos que necesitan para solventar las exorbitantes cifras que mueve el gasto público.

Hace varias décadas que hay una decadencia en la dirigencia política que desecha todo lo que hizo la gestión anterior y que nos impide crecer. No todo lo nuevo es bueno ni todo lo viejo es malo. La política está tan divorciada de la sociedad que sólo nos permite sobrevivir, mostrando un grave desinterés por el desarrollo real del país.

Hay una improvisación total, con una falta de planificación que nos lleva todos los años a ir emparchando irresponsablemente los problemas, transformando los objetivos reales en placebos de corto plazo.

Esto no es un tema de bandería política partidaria, es una cuestión de mediocridad general que atravesó a casi todas las facciones dirigenciales que tomaron decisiones en la actividad.

Y en esto, también ha habido una connivencia de todos los sectores que ya hemos caracterizado y que ha llevado a que actualmente haya una carencia total de dirigentes políticos que estén a la altura de las circunstancias.

No hay representantes reales de ningún espacio. Y de eso somos todos responsables. En este punto debemos hacer una amplia autocrítica, dado que la política ha sido absolutamente mediocre con la pesca, en gran parte, porque la conducta de todos los sectores involucrados siempre ha sido mezquina y cortoplacista.

El sector en sí, conformado por empresarios y sindicatos, nunca ha bregado por conformar un bloque unido y organizado con una representación acorde que obligue al Estado a trazar políticas a largo plazo. Así, se ha vislumbrado que al sector empresario tampoco le ha interesado mucho diversificar la matriz productiva, porque siempre han primado los intereses personales.

Sin embargo, desde hace más de diez años que lucho, incluso contra mis propios actos, entendiendo que uno mismo termina siendo parte del parche que enmienda, renunciando siempre a la búsqueda de una solución definitiva.

Durante mis reflexiones, esa actitud, propia y ajena, hiere mis principios, entendiendo que nuestro egoísmo terminará siendo un arma de doble filo, que hoy nos mantiene vivos pero que, a la larga, acabará extinguiendo nuestra especie.

Pero, quizás me sea mucho más fácil explicar mi postura trazando una analogía con un famoso cuento llamado "El Oso", de Jorge Bucay, un destacado médico, psicodramaturgo, terapeuta y escritor argentino, cuyas obras se han convertido en verdaderos best sellers en todo el mundo.

Yo pude conocer su pluma gracias a mi padre, quien durante sus viajes siempre llevaba los libros a cuestas y aprovechaba los ratos libres para leerme, o contarme de memoria, sus atrapantes historias.

Todos los relatos me han marcado muchísimo en cada etapa de mi vida, pero la obra mencionada sale de la media. Se trata de una antiquísima historia que sirve para forjar una relación perfecta con lo que ocurre con el rol del Estado y su vínculo con los otros actores del sector.

Yo mismo he difundido su mensaje, o moraleja, a tal punto que hoy se aplica en el sector pesquero siempre que se habla de la sinuosa relación que existe con el ámbito político.

A continuación, les comparto la obra y luego volveré sobre mis líneas para elaborar las reflexiones:

*Esta es la historia de un sastre, un zar y su oso.*

*Un día, el zar descubrió que uno de los botones de su chaqueta preferida se había caído.*

*El zar era caprichoso, autoritario y cruel (cruel como todos los que enmarañan por demasiado tiempo en el poder).*

*Así que, furioso por la ausencia del botón, mandó a buscar al sastre y ordenó que a la mañana siguiente fuera decapitado por el hacha del verdugo.*

*Nadie contradecía al emperador de todas la Rusias, así que la guardia fue hasta la casa del sastre y, arrancándole de entre los brazos de su familia, lo llevó a la mazmorra del palacio para esperar allí su muerte.*

*Al atardecer, cuando el carcelero le llevó al sastre la última cena, éste meneó la cabeza y musitó:*

*–Pobre Zar.*

*El guardia no pudo evitar la carcajada:*

*–¿Pobre del zar? Pobre de ti. Tu cabeza quedará bastante lejos de tu cuerpo mañana mismo.*

*–Tú no entiendes –dijo el sastre–. ¿Qué es lo más importante para nuestro zar?*

*–¿Lo más importante? –contestó el guardia–. No lo sé. Su pueblo.*

*–No seas estúpido. Digo algo realmente importante para él.*

*–¿Su esposa?*

*–¡Más importante!*

*–¡Los diamantes! –creyó adivinar el carcelero.*

*–¿Qué es lo que más le importa al zar en el mundo?*

*–¡Ya lo sé! ¡Su oso!*

*–Eso. Su oso.*

*–¿Y?*

*–Mañana, cuando el verdugo termine conmigo, el zar perderá su única oportunidad para conseguir que su oso hable.*

*–¿Tú eres entrenador de osos?*

*–Un viejo secreto familiar... –dijo el sastre–. Pobre zar...*

*Deseoso de ganarse los favores del zar, el pobre guardia corrió a contarle al soberano su descubrimiento: ¡El sastre sabía enseñarle a hablar a los osos!*

*El zar estaba encantado. Mandó a buscar inmediatamente al sastre y, cuando lo tuvo frente a sí, le ordenó:*

*–¡Enséñale a mi oso nuestro lenguaje!*

*El sastre bajó la cabeza y dijo:*

*–Me gustaría complacerle, ilustrísima, pero enseñar a hablar a un oso es una tarea ardua y lleva tiempo... Lamentablemente, tiempo es lo que menos tengo.*

*–¿Cuánto tiempo llevaría el aprendizaje? –preguntó el zar.*

*–Depende de la inteligencia del oso...*

*–¡El oso es muy inteligente! –interrumpió el zar–. De hecho, es el oso más inteligente de todos los osos de Rusia.*

*–Bien. Si el oso es inteligente... y siente deseos de aprender... yo creo... que el aprendizaje duraría... duraría... no menos de... ¡dos años!*

*El zar pensó un momento y luego ordenó:*

*–Bien. Tu pena será suspendida durante dos años mientras entrenes al oso. ¡Mañana empezarás!*

*–Alteza –dijo el sastre–. Si vos mandáis al verdugo a ocuparse de mi cabeza, mañana estaré muerto, y mi familia se las ingeniará para sobrevivir. Pero si me conmutas la pena, yo no tendré tiempo para dedicarme a tu oso... deberé trabajar de sastre para mantener a mi familia...*

*–Eso no es problema –dijo el zar–. A partir de hoy, y durante dos años, tú y tu familia estaréis bajo la protección real. Seréis vestidos, alimentados y educados con el dinero del zar y nada que necesitéis o deseéis os será negado... Pero, eso sí: si dentro de dos años el oso no habla... te arrepentirás de haber pensado en esta propuesta... Rogarás que el verdugo te hubiera matado... Entiendes, ¿verdad?*

*–Si, alteza.*

*–Bien. ¡Guardias! –gritó el zar–. Que lleven al sastre a su casa en el carruaje de la corte. Dadle dos bolsas de oro, comida y regalos para sus niños. ¡Ya! ¡Fuera!*

*El sastre, en reverencia y caminando hacia atrás, comenzó a retirarse mientras musitaba agradecimientos.*

*–No lo olvides –le dijo el zar apuntándole con el dedo directamente a la frente–. Si en dos años el oso no habla...*

*Cuando todos en la casa del sastre lloraban por la pérdida del padre de familia, el sastre apareció en la casa en el carruaje del zar, sonriente, eufórico y con regalos para todos.*

*La esposa del sastre no cabía en sí del asombro.*

*Su marido, al que pocas horas antes habían llevado al cadalso volvía ahora, exitoso, acaudalado y exultante...*

*Cuando estuvo a solas, el hombre le contó los hechos.*

*–¡Estás loco! –gritó la mujer–. ¡Enseñar a hablar al oso del zar! Tú, que ni siquiera has visto un oso de cerca. Estás loco Enseñar a hablar a un oso… Loco, estás loco…*

*–Calma, mujer; calma. Mira, me iban a cortar la cabeza mañana al amanecer, y ahora tengo dos años. En dos años pueden pasar tantas cosas…*

*En dos años… –siguió el sastre– se puede morir el zar… Me puedo morir yo… Y lo más importante: ¡a lo mejor el oso habla!*

Lamentablemente, el relato nos muestra como los seres humanos nos preocupamos por accionar en el presente casi sin evaluar las consecuencias futuras, aunque dicho manejo determine un mismo o peor final.

Así, el cuento se erige, a mi consideración, como una muestra fidedigna de lo que viene ocurriendo históricamente en la pesquería argentina.

Durante algún tiempo, los empresarios intentamos explicarle a los distintos dirigentes políticos, quizás con cierta tibieza, que algunas de las decisiones que buscaban implementar tendrían un impacto negativo sobre la actividad, por lo cual no reunirían el consenso necesario e inexorablemente desatarían graves conflictos.

Sin embargo, enseguida entendimos que, por más esfuerzo que hiciéramos por ser claros, frontales y responsables, a muchas de las autoridades municipales, provinciales y hasta nacionales, parecía no importarles.

En ese contexto, la mayoría de los dirigentes políticos no solo descontinuaron el diálogo con la misma postura déspota que el zar, sino que, además, comenzaron inmediatamente con las presiones tributarias, mediáticas y de toda índole, accionando como la propia guardia del rey.

Ante esto, luego de tanto debatir distintas estrategias, el sector pesquero codificó el mensaje político en su propio beneficio y decidió aplicar la moraleja que plantea el cuento de Bucay.

Sin pensar en el futuro, ante un presente de la actividad que bien podría decantar en tragedia, como la propia muerte del sastre, los empresarios hemos aceptado que una buena parte del Estado y su cúmulo dirigencial no haya hecho más que aplicar parches insignificantes, que sólo nos han dado tiempo para explotar la actividad en la actualidad, pero prescindiendo siempre de una planificación a largo plazo, que hoy pone en riesgo la sustentabilidad del sector.

Al igual que en el cuento, muchos políticos se han presentado desde siempre con una postura terca y sorda, igual que el zar, mientras que los empresarios nos fuimos convirtiendo en los sastres de la historia y comprendimos, con instinto de autopreservación, que debíamos centrarnos en el objetivo y evitar daños mayores.

Así, erróneamente, preferimos avanzar en el presente sin angustiarnos por las preocupaciones o problemas que podrían desencadenarse en el futuro, con la única esperanza de que "el oso hable algún día" o, mejor dicho, de que la clase política asigne en algún momento al sector la importancia que requiere, siendo análogos los parámetros de dificultad en ambos casos.

Sin embargo, esa postura plagada de grises, que no nos ha permitido salir del status quo reinante, no forma parte de mis entrañas. Mi ser disruptivo me lleva hoy a encontrar serias diferencias entre el escenario que plantea el cuento y la vida real en el seno de la actividad que nos compete.

La mayor divergencia radica en que el sastre estaba al borde de la muerte, mientras que la pesquería nacional y provincial ostenta un sinfín de oportunidades que no podemos ni debemos desaprovechar.

Esa simple reflexión, poco compleja, me ha llevado a evangelizar al sector con la convicción de comprender que somos hoy los empresarios los que debemos tomar el toro por las astas para lograr una planificación con políticas serias a largo plazo.

Si el Estado no aparece para regular, los empresarios debemos quitarnos el sayo meramente capitalista para emerger con la necesidad de emprender y desafiarnos a mucho más en pos del desarrollo del sector, en beneficio de la provincia y el país.

La democracia es un sistema perfecto que no falla y, por eso, entiendo que tenemos los dirigentes políticos que nos merecemos. Para cambiar, nosotros debemos empezar a transformar la realidad.

Mis escritos viajan incluso más allá del sector en sí. Como sociedad, en todos los ámbitos debemos ser mucho más proactivos, porque no podemos quedarnos esperando que un funcionario, un concejal, un legislador provincial o un diputado nacional aparezca mágicamente para cambiar el curso de las acciones. Somos nosotros mismos los que debemos involucrarnos en la clase política para transformar la realidad.

La política es la única herramienta de transformación y esa es la explicación. Si nos mantenemos al margen, veremos la realidad pasar. Por eso entiendo que debemos trabajar con convencimiento en acciones sectoriales que marquen el camino a la política pública, para obligar a las autoridades designadas a regular la tarea.

Si bien son los funcionarios estatales competentes los que deben concretar el abordaje, porque para eso los ciudadanos les transferimos las potestades, su nivel de compromiso será mayúsculo cuánto mayor sean las obligaciones contraídas por el resto de los actores que componen la actividad.

Chubut, sectorialmente, tiene un problema gravísimo en donde actualmente ni siquiera hay acuerdos sobre qué tipo de pesquería se pretende de cara a los próximos diez años.

Es imperioso cambiar esa mirada, y para ello se necesita ampliar el diálogo y trabajar en una mesa de enlace que agrupe a todos los sectores.

De ese modo, el Estado, como dueño del recurso, se verá impulsado a instaurar reglas del juego claras, con la mirada puesta en las próximas dos décadas, obrando como un gran regulador y bregando por lograr un equilibrio entre todos los participantes.

Quienes minimizan la importancia del sector, lo atribuyen a los ingresos que la actividad arroja a las arcas del país. Aluden a que las exportaciones del campo generan USD 200 mil millones, contra USD 2000 millones de la pesquería, pero esos números, en mayor o menor medida, pueden ser reales o no, según el cristal con que se los mire.

Actualmente, las cifras muestran asidero porque el Estado nunca ha invertido en políticas pesqueras que perduraran en el tiempo. Pero, si se modifican esas acciones, les aseguro que el desarrollo pesquero no solo puede equiparar los ingresos del campo, sino que hasta podría superarlos.

Para ese fin, necesitamos buscar un trabajo conjunto que nos lleve a lograr metas que nos involucren a todos, incluido el resto de los actores sociales.

Al momento, es incalculable la cantidad de recursos e ingresos que le podría generar a la provincia y al país la diversificación y el procesamiento de otras especies. Comprometerse para lograr una diversificación de la matriz productiva es algo que puede aparejar grandes beneficios para el compendio de la sociedad.

Lograr que una plataforma portuaria desarrolle actividades durante los doce meses del año moviliza la pesquería y un sinfín de actividades colaterales, dado que calienta la economía regional y permite que haya un incremento en el consumo, porque mover un barco implica comprar combustible, abastecerse de comida para los empleados, darle trabajo a quienes reparan redes, a los astilleros, etc.

Todo eso sin sumar los beneficios alimentarios que el pescado puede otorgarnos a nuestra cultura de consumo, con bajos precios y altos niveles nutricionales.

Esto debe confluir casi naturalmente en un interés y compromiso de organización que nos permitiría cambiar la mirada para ubicarnos realmente de "proa al sur", tal como reza el título de la obra.

Afortunadamente, hoy somos cada vez más quienes intentamos cambiar la mirada que históricamente nos ha depositado de espaldas al mar, para ubicarnos de frente a un inmenso caudal de oportunidades, incluyendo a todos los sectores (cámaras empresariales, organismos de investigación, sindicatos, legisladores y autoridades políticas), para lograr una sinergia que nutra al sector del poderío que se merece.

Y en ese orden, este volumen forma parte fundacional del cambio visceral que debemos proponernos.

Participar de la política, cumplir con la nueva ley y comprometernos con la constante actualización del marco normativo para lograr la diversificación productiva, la capacitación laboral, la acuicultura y el cuidado del medio ambiente es vital, no sólo porque es lo que se debe hacer para refundar al sector, sino también porque es el único camino posible para garantizar el desarrollo y la vida eterna de la actividad.

RV
ESTIBAJES

# 7

CAPÍTULO 7

# Reparación legal *y materias pendientes*

Puesta en vigor del nuevo marco normativo:

¿Cumplimiento o Interpretación?

Según la propia definición de la Real Academia Española, una ley es un "precepto dictado por la autoridad competente, en que se manda o prohíbe algo en consonancia con la justicia y para el bien delos gobernados".

En primer término, antes de hacer un pormenorizado análisis, me parece muy importante considerar que dicha acepción dista muchísimo de la verdadera realidad que atraviesan las leyes de la pesquería en nuestro país. Contrario a lo que define la RAE, son muy pocas las autoridades competentes, y las leyes suelen interpretarse o acatarse parcialmente en lugar de cumplirse en su totalidad.

Dicho esto, vale la pena destacar que la actividad pesquera en Argentina no escapa en absoluto al desacato permanente con el que la sociedad en su conjunto enfrenta al marco normativo vigente.

Tal como lo anticipamos en el apartado 3.3 del capítulo de "Universo sociopolítico de la pesca chubutense", nuestro país es uno de los pocos territorios en donde las leyes no se cumplen, sino que se interpretan según la conveniencia de los actores intervinientes.

Pero, como pregona un antiguo dicho: "mal de muchos, consuelo de tontos". Así, entender las diferentes interpretaciones o su incumplimiento casi como algo propio de nuestra idiosincrasia, sería caer en un abordaje simplista que escapa de mi interés.

Ahora bien, a esa estadística consuetudinaria de nuestra sociedad debemos sumarle que la pesquería actual ha presentado históricamente un marco normativo que se ha mostrado obsoleto a la luz de los hechos, obteniendo durante mucho tiempo un combo explosivo que nos llevaba a vaticinar un futuro por demás sombrío para el sector en su conjunto.

En este punto, se incluyen tanto las normativas nacionales como las provinciales, que en mayor o en menor medida, siempre mostraron el desinterés que muchas de las autoridades tienen sobre la actividad.

Sin embargo, centrándonos en la provincia de Chubut, afortunadamente, y de manera casi sincronizada con estos escritos, en diciembre de 2022, se aprobó intempestivamente el proyecto 72/22 de “la nueva Ley de Pesca provincial”.

El contexto histórico muestra que fue allá por el año 2015 cuando se redactó puntillosamente la novedosa normativa. Sin embargo, por alguna razón u otra, nunca se le había podido dar un tratamiento serio. El proyecto de Ley permaneció más de 7 años en un cajón de la Comisión de recursos naturales de la Legislatura chubutense, sin siquiera lograr el dictamen que le permitiera pasar al recinto para su tratamiento parlamentario.

Pero lo más llamativo es que el proyecto contaba con el consenso de las diferentes cámaras empresarias y de todos los sindicatos de los trabajadores, lo que debería haber permitido una sanción casi inmediata.

Sin embargo, los legisladores provinciales dirimieron sus propias rencillas personales, incluidos sus intereses políticos y económicos por sobre el interés de multiplicar los recursos y los ingresos de la provincia.

Sorpresivamente, como ya dije, a fines de 2022, el cuerpo legislativo chubutense dio tratamiento y la norma alcanzó su sanción, demostrando que cuando hay voluntad política, los caminos se allanan de inmediato.

Habida cuenta, entonces, de la reciente actualización, resulta menester analizar y comparar los puntos ciegos que viene a subsanar y aquellas materias que siguen estando pendientes, aún en el alumbramiento de ese nuevo marco normativo.

Por un lado, intentaré dar cuenta de las soluciones más importantes que devienen de la nueva norma, mientras que, por el otro, detallaré los puntos jurídicos que aún se mantienen en las sombras.

Finalmente, acorde a lo planteado, intentaré responder si realmente la solución a todos los problemas llegará de la mano de la reconstrucción legal o si se necesita mucho más por parte de todos los protagonistas de esta historia.

Para comenzar, como anticipamos durante nuestro ejercicio de revisionismo histórico, vale recordar que hasta la reciente sanción de la nueva ley, la reglamentación provino, durante 15 años, de la Ley IX Nº 75 (Ley General de Pesca Marítima), sancionada en el año 2007.

Dicha ley fue aprobada en un contexto en el cual la principal especie objetivo de captura era la merluza. Sin embargo, ya pasó más de una década y media, y hoy la situación es muy distinta, porque ese pez teleósteo fue desplazado como principal recurso por el langostino.

Eso motivó que se hayan introducido una serie de cambios y transformaciones en el proceso de captura y procesamiento, así como en las condiciones de vida del colectivo laboral, lo cual causó que la actividad pesquera de la provincia tome un rumbo completamente distinto y forzara la sanción de una nueva legislación.

Sin intención de aburrirlos, inicialmente me tomaré el trabajo de analizar algunos pocos artículos puntuales (los más importantes), solo a modo de ejemplo teórico, que venían cercenando por completo el desarrollo de la actividad primaria, y de todas sus derivadas, y que bien podrían encontrar una solución con la nueva reglamentación.

Como primer ítem, considero pertinente señalar que el Artículo Nº 35 del Capítulo V de la ahora ex ley provincial mencionada, explicitaba que el reemplazo de buques sólo era admitido a otra unidad de capacidad de bodega menor o equivalente a la embarcación sustituida, a fin de que no implique un aumento del esfuerzo pesquero, con lo cual se inhibía completamente la posibilidad de desarrollar la actividad.

Pero aquí lo complejo del sistema, porque el advenimiento del langostino trajo aparejada una modernización imponente de los buques. La flota pesquera de Chubut es la más moderna del país. No hay barcos de más de 10 años de antigüedad, cuentan con una altísima seguridad de navegación y con un desarrollo tecnológico que los dota de una productividad impresionante.

Sin embargo, lo problemático es que la desactualización de la norma hacía que todos quedaran fuera de la ley. Las empresas propietarias poseían barcos con bodegas de 35, 40 ó 50 metros cúbicos y ahora todos se renovaron a depósitos de 80 y 100, con lo cual está claro que la totalidad de la flota se encontraba en infracción.

Por suerte, la nueva ley contempla estas mejoras tecnológicas y ampara la modernización de las flotas, habiendo subsanado casi por completo dicha problemática.

En segundo lugar, el artículo 37 del Título III Capítulo I de la antigua ley, dictaba que los titulares de permisos de pesca no podían "enviar fuera de la provincia materia prima sin procesar, salvo aquella comprendida en convenios interprovinciales" y que para las especies de aleta el proceso mínimo era el filete refrigerado. Mientras tanto, el capítulo 38 del mismo apartado dictaba que el ejercicio de la pesca en virtud de la presente ley llevaba consigo "la obligación de desembarcar el total de la captura en puertos situados en la Provincia del Chubut y su procesamiento en plantas radicadas dentro del territorio provincial, con excepción de aquellas embarcaciones que se encuentren comprendidas en convenios interprovinciales".

Claramente, la regla en cuestión buscaba proteger el empleo local, pero el exageramiento del proteccionismo hacía que muchas cosas no funcionaran, porque era la misma norma la que no acompañaba.

Afortunadamente, la nueva regulación ha solucionado esto por completo, dado que sólo fija ese proceso mínimo para la merluza, permitiendo, como ventaja, que el decreto reglamentario (el poder ejecutivo) fije el proceso para las restantes especies, como ser: pelágicas (anchoas, caballa), Pescado Blanco o fino, Langostino, etc.

De esta manera, el mecanismo ya no es análogo para todas las especies, sino que hace una distinción, lo que permite, de una manera más ágil, a la autoridad de aplicación adecuar los procesos mínimos (art. 20 inc "t").

Esto es vital, dado que durante mucho tiempo observamos con desconsuelo como en Chubut se desperdiciaba la extracción de la anchoa patagónica.

Al respecto, existe un informe del INIDEP (Instituto Nacional de Investigación y Desarrollo Pesquero), sobre esa especie que indica claramente que se podrían pescar 100 mil toneladas sin dañar el ecosistema, la biomasa y la sustentabilidad de esa especie.

Sin embargo, con los vacíos legales que reinaban con la ley anterior, la Secretaría de Turismo había manifestado que no se debía ampliar la captura, señalando que la anchoa constituye el primer eslabón alimenticio de muchas especies de la fauna chubutense, como, por ejemplo, el de los pingüinos.

Ahora bien, aún contemplando esas limitaciones, y sólo pescando un 10% de lo que estipula el INIDEP, estaríamos capturando unas 10 mil toneladas, siendo que toda la Argentina apenas pesca 9 mil.

O sea que en la provincia de Chubut, pescando sólo el 10% de la biomasa que tenemos, podríamos pescar más que toda la Argentina. Esto demuestra que en Chubut se podrían extraer más anchoas de lo que se pesca en langostinos sin dañar la naturaleza. Pero no se hacía, porque la antigua ley no regulaba claramente esa captura y existía un vacío legal que distaba mucho de fomentar la actividad.

Ahora, con la puesta en vigor de la nueva reglamentación, se puede comenzar a pensar en esa especie como una verdadera contra temporada, dado que, como mencionamos anteriormente, se otorga al Poder Ejecutivo la posibilidad de regir los procesos mínimos de cada categoría, lo que permitiría que esta especie, y tantas otras, se puedan sacar de la provincia sin procesar o sin congelar.

Además, este cambio permite que, sólo con la extracción, se le dé empleo a 400 marineros y a la misma cifra de estibadores, quienes, de lo contrario, permanecían desempleados fuera de la temporada de langostino.

En cuanto al desembarco de las capturas, la nueva norma también sostiene que debe hacerse en puertos de la provincia de Chubut, pero ahora tiene previsto un "procedimiento de emergencia", a partir del cual se puede autorizar a desembarcar o procesar materia prima en otros amarraderos (art. 20 inc. "X").

De este modo, como ahora se permitiría sacar la anchoa de la provincia con un mínimo proceso, Chubut también podrá explotar por completo la industria conservera de Mar del Plata, que está trabajando muy por debajo de su capacidad.

Esa posibilidad también permitiría que las plantas procesadoras locales pongan los pies sobre la tierra y acepten procesar la anchoa tomando valores de referencia acordes a los que esa especie ostenta en el mercado. Con la vieja norma, esos establecimientos pretendían cobrar lo mismo por el congelado de la anchoa que lo que se abona por el trabajo sobre el langostino, acto que atentaba directamente sobre la actividad y, consecuentemente, promovía que la pesca no se realizara.

En síntesis, sobre este punto, quiero dejar en claro que la nueva normativa permite proyectar la pesca de cientos o miles de toneladas de anchoas en la provincia.

Ahora bien, siguiendo con las mejoras que aporta el nuevo marco jurídico, quiero destacar que el artículo 2 del mismo apartado de la antigua norma señalaba como obligatoria "la residencia efectiva de dos años en el territorio provincial del personal a bordo, en una proporción no menor al cincuenta por ciento de la tripulación total embarcada", con lo cual también se obligaba al empresariado a contratar personal no tanto por su capacidad laboral sino por su ámbito de residencia.

En este punto, la nueva ley soluciona la ecuación porque la residencia de 24 meses en la provincia del Chubut ya no es una exigencia, con lo cual, para los trabajadores, se fomenta la creación de mayores fuentes laborales y, para los empleadores, se amplía el abanico de aspirantes, pudiendo acceder a la contratación de personal altamente calificado y sin restricciones geográficas. Aquí, además, vale la pena destacar la importancia de este punto, dado que había sido declarado inconstitucional en la ley anterior.

Otro eje conflictivo que soluciona la nueva norma tiene que ver con la anulación de una resolución de la Secretaría de Pesca que exigía a las empresas pesqueras un libre deuda para la renovación anual de licencias, cuyos requisitos siempre parecían forzar el error y terminaban cansando al empresario.

Con la sanción de la regulación actual, se consiguió un espejo jurídico con nación y los permisos ahora tendrán carácter de definitivos y serán renovables cada 10 años, lo que, claramente, evita que las empresas queden expuestas a merced de algunos políticos de turno (no todos) que buscan hacer negocios personales desde la gestión pública.

Sin embargo, no todo lo que brilla es oro, porque, amén de destacar las soluciones que aporta el nuevo marco normativo provincial, en el presente apartado también introduciré sendas problemáticas que continúan carentes de regulaciones idóneas y otras que, incluso a nivel nacional, ameritan un análisis más profundo que abordaremos en los capítulos subsiguientes.

El primer punto en donde no ha habido avances tiene que ver con la pérdida de competitividad que acecha a la pesquería chubutense tanto a nivel nacional como internacional.

La nueva norma mantiene la obligación de que "la relación de empleo sea directa respecto al personal ocupado en la producción e industrialización, sin intermediación de empresas, asociaciones, cooperativas y/o cualquier entidad de prestación de servicios eventuales", prohibiendo absolutamente la instalación de cooperativas de trabajo.

En este punto, la reglamentación no aporta soluciones ni cambios. Se sigue prohibiendo la subcontratación de personal a empresas contratistas y las cooperativas de trabajo continúan vedadas.

Si bien debemos reconocer que, por un lado, las cooperativas encubren la quita de obligaciones, porque es mucho más fácil constituir una entidad de ese tipo para evitar las cargas sociales y esquivar los convenios colectivos de trabajo, por el otro, es menester entender que esa figura societaria permitiría que la pesquería en la provincia fuera mucho más competitiva.

Sin embargo, en ese aspecto, sigue teniendo el control del procesamiento en tierra el Sindicato de Trabajadores de Industria de Alimentación (STIA), otorgando a los gremios un poder de fuerza que podría atentar contra el desarrollo profundo de la actividad.

En aguas de jurisdicción nacional, el procesamiento de langostinos y la competencia en la producción generan que los barcos terminen optando por quienes les ofrezcan mejores condiciones y la normativa chubutense nos sigue ubicando a años luz de poder competir con otros puertos, como, por ejemplo, el de Mar del Plata.

La "ciudad feliz" está empezando a procesar langostino a gran escala y pasó a ser un competidor a la hora de captar materia prima, con lo cual el desarrollo de la actividad dependerá de las condiciones que decida ofrecer cada provincia, punto en el cual Chubut larga varios cuerpos por detrás.

En este aspecto queda claro que la competitividad sigue siendo un grave problema, porque Mar del Plata es mucho más flexible, menos exigente sindicalmente y permite el trabajo de procesamiento a través de cooperativas, todos puntos en los que Chubut corre con una clara desventaja.

En ese sentido, es necesario ampliar la nueva norma para forjar las condiciones propicias que permitan desarrollar todo ese trabajo de procesamiento en tierra chubutense, aprovechando todo el potencial de la provincia para crear trabajo genuino y bajar los costos.

Pero la falta de competitividad también es muy marcada a nivel internacional, y para poder comprenderlo resulta fundamental adentrarse brevemente sobre lo ocurre con la legislación nacional.

Como ya dijimos, a nivel país, la norma madre se constituye bajo la Ley Nº 24.722 del Régimen Federal de Pesca, sobre la cual mi postura crítica y reflexiva me obliga a posicionarme como el abogado del diablo para centrarme en las falencias de dicha reglamentación y de otros convenios alternos que resultan contraproducentes para la actividad.

Así, considero menester reconocer errores viscerales que presenta la normativa pesquera, también a nivel nacional.

En primer lugar, sus artículos no contemplan en absoluto que las empresas deben absorber la brecha de más del 40% que existe entre la inflación y el dólar oficial, cotización utilizada para ejecutar las operaciones, con lo cual los costos empresarios (víveres, combustible, etc) quedan siempre atrasados en proporción a la ganancia. Debemos recordar que más del 90% de lo que se pesca se exporta, por lo cual, este ítem constituye un problema mayúsculo para la pesquería nacional.

Además, los convenios de trabajo y las regulaciones impositivas conforman un conjunto explosivo que ha obligado a que muchas de las grandes empresas pesqueras posean plantas procesadoras propias en el extranjero, justamente porque les sale más barato hacer el reproceso en el exterior que en Argentina. En nuestro país, el costo del trabajo es de USD 3 el kg de producto terminado con valor agregado, contra USD 1.80, fuera de las fronteras.

Es decir que las empresas pagan el traslado del contenedor que sale aproximadamente USD 3000, lo bajan, lo descongelan, lo reprocesan y, así y todo, les resulta más económico que hacerlo dentro de nuestro territorio.

Por ejemplo, en Península Valdés, más precisamente en Golfo San José, Golfo Nuevo y Riacho, existen bancos de moluscos, bivalvos y gasterópodos, como mejillones, vieiras, cholgas, navajas, almejas y un montón de mariscos, pero el hecho de salir a pescarlos, enviarlos por transporte a las plantas, procesarlos y venderlos, es mucho más caro en nuestro país que si los importamos desde Chile. Por esto, en Chubut, increíblemente, se venden este tipo de productos de origen chileno.

Otro punto contradictorio a nivel país tiene que ver con el vínculo legal obligatorio que debe existir entre empresarios y trabajadores. Focalizando mi reclamo a nivel nacional, entiendo que es muy importante trabajar seriamente en una norma más flexible. Los convenios colectivos de trabajo también son antiquísimos y están desactualizados para la actividad.

Sumado a ello, no podemos dejar de lado el aval legal que se da a la denominada "industria de los juicios laborales" que parece ser una marca registrada de nuestra tierra, con tintes tan originales como irracionales.

En ese sentido, las normas plantean al empresariado la imposibilidad de despedir cuando hay crisis sectorial o cuando un empleado no cumple con sus obligaciones, porque la justicia inmediatamente avala la postura del trabajador y hunde al empresario demandado.

Esta incongruencia legal también repercute en Chubut, en donde, actualmente, la irresponsabilidad empresaria y el abuso de algunos gremios ha hecho que los salarios sean tan elevados que, por ejemplo, despedir al capitán de un barco con diez años de antigüedad obliga al empresario a entregar una indemnización proporcional a una parte de su buque.

Eso profundiza aún más el círculo vicioso, porque como el empleador no puede despedir, dota de mayor fuerza a los empleados y debe rendirse a los abusos de algunas organizaciones gremiales.

En las entrevistas preocupacionales los empleados hablan sobre sus responsabilidades pero ni bien obtienen el empleo empiezan a reclamar con encono sus derechos. Esto termina, como ya mencionamos, por generar un gran abuso de algunos sindicalistas que se esconden detrás de la defensa de sus compañeros para buscar réditos personales.

Pero la situación es muy compleja, dado que nadie quiere dar la discusión a nivel nacional, porque modificar las leyes laborales tiene un altísimo costo político, y mucho más aún cuando se propone una cierta flexibilización.

Entiendo, con sentido común, que no hay nada más sano que llamar a las cosas por su nombre. Entonces, si la pesca es una actividad zafrera, (o sea zafra de langostinos, de merluza, de anchoas), considero que debe haber convenios laborales nacionales también zafreros, que acompañen la producción, y sus costos, pero que garanticen estabilidad y previsibilidad.

Todo lo mencionado demuestra que el sector debe sucumbir permanentemente ante una presión pública tributaria e impositiva distorsiva y sin precedentes, que produce una altísima pérdida de competitividad y pone a la industria pesquera nacional al borde de besar la lona en el amplio universo mundial.

Así las cosas, entiendo que para promover la inversión, la productividad y la competitividad hay que aprobar un plan conjunto entre todos los sectores que plantee un escenario propicio de aquí a dos décadas.

La renovación generacional de las tropas laborales y un Estado nacional y provincial presente con normas equilibradas para todas las partes emergen como la única esperanza viable para salir del oscuro y tóxico contexto laboral que atraviesa hoy la actividad.

Pero para ello, también debería haber una simbiosis entre el ejecutivo nacional y el provincial para apostar y mejorar en otros ítems que retrasan la pesquería dentro de nuestras fronteras.

En este punto, creo que también debería trabajarse sobre normas que regulen acciones concretas que fomenten la acuicultura (lo veremos en el próximo capítulo) para seducir a los emprendedores y fomentar el desarrollo millonario de esas crías.

Apenas como prólogo de esa problemática que desandaremos en detalle en las próximas páginas, les anticipo que el langostino salvaje que se captura en Argentina es una mínima porción de lo que se podría hacer con la acuicultura. Para que tengan una idea, con el langostino de cultivo se obtiene en un mes y medio lo que se saca con la pesca en todo un año.

Esto constituye otro agujero legal en el marco de la provincia de Chubut, habida cuenta de que la nueva norma hace una mínima mención a la acuicultura, pero no promueve de ninguna manera la instalación de esa actividad productiva.

Pero ese es sólo el inicio, porque junto a la acuicultura, entiendo que hay otros cuatro ítems que no están bien legislados ni a nivel país, ni en la provincia, que son fundamentales para garantizar la sustentabilidad del sector.

La capacitación sectorial, el consumo de pescado en el mercado interno, la falta de fiscalización y controles para prevenir la pesca ilegal de barcos extranjeros y la reparación ambiental del daño causado, siendo todas actividades que la flamante ley del pesca de Chubut apenas ha mencionado pero sin siquiera establecer ningún apartado que promueva un nuevo abordaje para resolver las diferentes problemáticas. Y, como dijimos, lo mismo ocurre a nivel nacional.

Ahora bien, con las mejoras planteadas podemos inferir que estamos mucho mejor, pero apenas a mitad de camino, con mucho por recorrer y con la necesidad de cambiar nuestra esencia para, como dije en la introducción de este capítulo, dejar de interpretar las normas y comenzar a cumplirlas a rajatablas.

El Estado debería mejorar lo planteado pero también endurecer los controles que pregonen el cumplimiento de las normas vigentes, en pos del desarrollo de la actividad, para otorgarle a los empresarios (que invierten y dan productividad, trabajo e ingresos directos o indirectos a la provincia y al país) mayores niveles de previsibilidad.

La mayoría de las empresas en tierra tienen nóminas de más de trescientos empleados y necesitan que se resuelvan los problemas del sector. En Chubut, la mayoría de los empresarios apuestan por la actividad aún en contra del propio sistema, por lo cual es imperioso cerrar esas grietas para que las empresas amplíen sus ganas de invertir.

Considero que el Estado y los representantes legislativos (tanto nacionales como provinciales) deberían trabajar acompañando al empresariado, sin tomarlo como un enemigo íntimo.

Dicho esto, mis lectores pueden pensar, y no los juzgo, que mi posición sectorial termina subjetivando mi postura en cuanto a la importancia del marco normativo nacional y provincial que guía el presente apartado. Sin embargo, mis aclaraciones precedentes y las reflexiones que contemplan los siguientes párrafos apelan a echar por tierra dichos supuestos.

Lejos estoy de creer que los diferentes poderes del Estado son los únicos responsables de todo lo que ocurre en la industria pesquera nacional, porque entiendo que debe haber derechos y obligaciones, y que todos los actores de esta actividad debemos gozar de esos beneficios, pero también que estamos obligados a afrontar las responsabilidades, de un lado y del otro.

En mayor o en menor medida, todos somos responsables de lo que ocurre y debemos trabajar para echar por tierra el incumplimiento de las reglas establecidas, para dotar de transparencia una actividad viciada desde sus propios orígenes.

De lo contrario, seguiremos desaprovechando irracionalmente las oportunidades que plantea la actividad y beneficiaremos a aquéllos sectores que buscan sacar provecho del único "río (o mar) revuelto" en el que la ganancia no siempre es para los pescadores.

# 8

# Acuicultura

Reproducción artificial de especies marinas.
Mirar hacia el futuro.

Habida cuenta del nuevo marco normativo sintetizado en el capítulo anterior, la acuicultura emerge como una de las actividades que sigue estando menos regulada y desarrollada en la pesquería nacional y provincial, aunque también destaca por vislumbrarse su desarrollo como una de las esperanzas más fieles del sector en la lucha por la sustentabilidad.

A partir de lo planteado, el objeto de este capítulo persigue analizar el estado de situación actual de la cadena acuícola en Argentina y los aspectos que dotan de potencial productivo al país, sin dejar de aportar mi mirada crítica sobre la falta de interés y las dificultades que, hasta el momento, opacaron su desarrollo.

Con el fin de dotar de un conocimiento más profundo al sector sobre la falta de desarrollo actual y su potencial, busco sumar una postura proactiva a la elaboración de herramientas concretas en el ámbito jurídico y político que permitan sortear esas dificultades y hacer despegar la acuicultura en el país.

Según la Organización de las Naciones Unidas para la Alimentación y la Agricultura (FAO), la acuicultura consiste en el cultivo de organismos acuáticos tanto en zonas costeras como en el interior, lo cual implica intervenciones en el proceso de cría para aumentar la producción.

Puede ser desarrollada en diferentes sistemas, sea en ambiente marino, de agua salobre o dulce de superficie, para el cultivo de una amplia variedad de organismos acuáticos. Dichos sistemas pueden ser de base terrestre o de base acuática:

Los de base terrestre comprenden principalmente estanques, arrozales y otras instalaciones construidas sobre tierra firme. Los estanques constituyen los sistemas de acuicultura más comunes, pudiendo variar desde pequeños, rudimentarios, con equipos de alimentación por gravedad, hasta los grandes, geométricos, construidos empleando maquinarias y que implican un sofisticado régimen de gestión del agua. Carpas y tilapias, especies de peces ampliamente cultivados, crecen comúnmente en estanques de agua dulce, mientras que camarones y peces de aleta tolerantes a aguas más salinas son cultivados en estanques de agua salobre.

Los de base acuática incluyen recintos, corrales, jaulas y balsas, y se sitúan habitualmente en costas protegidas o aguas interiores. Los primeros son formados mediante el cierre de una bahía natural, con una barrera sólida, de red o malla. Corrales y jaulas son estructuras cerradas, hechas con estacas, redes y mallas.

Los corrales descansan en el fondo de la masa de agua, mientras que las jaulas permanecen suspendidas de postes o balsas que flotan en el agua. De manera semejante a los sistemas de producción ganaderos que varían desde los sistemas pastorales extensivos hasta los sistemas de cría en establo, la acuicultura también es practicada con diferentes grados de intensidad.

De este modo, la actividad se puede desarrollar en un nivel micro, desde una pecera, en donde se está llevando a cabo una acuicultura ornamental, con peces alimentados en cautiverio, en un estado de vida continua, comprendiendo un ciclo biológico en donde interviene el ser humano (acuicultura piscícola, con fines ornamentales), hasta en niveles súper macro, proyectando la siembra en distintas escalas y con tecnología (según el recurso disponible), en donde se pueden producir miles y miles de toneladas para consumo humano.

La acuicultura se asemeja mucho más a la agricultura y a la ganadería que a la pesca, pues implica la cría y el manejo de los recursos acuáticos vivientes en un medio ambiente restringido.

A diferencia de la pesca y de la caza, actividades que conllevan la recolección de peces y animales terrestres a partir de recursos de acceso común o libre, la acuicultura implica la existencia de derechos de tenencia y de propiedad de dichos recursos. La posesión de los medios de producción y los derechos de propiedad sobre la producción son tan importantes para el éxito de la actividad acuícola como la tenencia de la tierra lo es para la agricultura.

Actualmente, el 56% del conjunto global de las proteínas acuáticas que consumen los seres humanos corresponden a la acuicultura. Esa tendencia se sostiene y viene creciendo desde hace poco más de una década.

En términos generales, a nivel mundial, hoy la acuicultura supera con creces a la pesca tradicional. Actualmente, China es el principal productor mundial, seguida por India, Filipinas e Indonesia. Asia es, por lejos, la principal región productora (89%), pero América Latina y partes de África muestran un constante crecimiento, aunque la producción de estas regiones es todavía marginal comparada con su potencial de desarrollo.

Ahora bien, creo que, como en todos los casos, para analizar el presente es muy importante repasar un poco la historia.

Así, observamos que la cría de pescado se convirtió en China en una tecnología consolidada entre el año 2.000 y 1.500 AC y nunca dejó de ser una fuente de alimentos.

Por su parte, en Italia, la acuicultura se remonta a los siglos V-VI AC, cuando fue desarrollada por los etruscos en las lagunas costeras del Mar Mediterráneo. Más tarde, los antiguos Romanos, como fue demostrado por estudios arqueológicos, desarrollaron en el mismo lugar, un sofisticado complejo de siembra de peces con agua de mar salada, integrándolo con el procesamiento del pescado, empaque y envío marítimo de los productos terminados a varios lugares de la cuenca del Mediterráneo.

Existe suficiente evidencia respecto a que la acuicultura en Europa continuó siendo una importante fuente de proteínas, por casi 1.000 años después de la caída del Imperio Romano. Allí, la producción pesquera fue siempre una combinación de pescado silvestre y de cultivo, de origen marino y de aguas continentales.

Sin embargo, en el continente europeo, la importancia de la acuicultura disminuyó por varias razones, las cuales variaron de país en país.

El desarrollo de las pesquerías marinas durante los siglos XIX y XX redujo aún más la contribución relativa de la acuicultura; el cambio fue principalmente debido al enorme rendimiento de las capturas marinas con respecto a la inversión, y al desarrollo mundial de los mercados para cierto tipo de pescados, salados primero y congelados después (lo que facilitó el almacenamiento y transporte).

Para adentrarnos en la historia nacional, la actividad se desarrolla en el país desde principios del siglo XX, pero a partir de 1940 se comenzó a sembrar en numerosas lagunas de diversas regiones.

Pese a su extensa tradición y a su futuro prometedor, en Argentina la acuicultura aún no ha podido superar lo que denominaría "una fase de prueba" o "de desarrollo incipiente".

El máximo nivel de producción alcanzado en el terreno local fue de sólo 4.000 toneladas en 2014 y luego comenzó a descender hasta llegar a 2.592 en 2019, por lo que su contribución a la producción pesquera total es casi insignificante (0,3% en ese año).

Según datos de la propia FAO; esta tendencia argentina se contrapone con la observada a nivel internacional. El incremento de la demanda mundial de productos pesqueros, junto con la sobreexplotación de la pesca de captura, llevó a una producción acuícola mundial de 114,5 millones de toneladas en 2018, 5,5 veces más que al comienzo de la década de 1990.

Así, la contribución de la acuicultura a la producción pesquera total aumentó de 27,2%, a principios de los 2000, a 46% en 2018, fundamentalmente por la siembra continental (62,5% del total).

Pero, a pesar de que en nuestro país las exportaciones de crías son escasas y las capacidades son todavía muy limitadas, la actividad presenta un importante potencial productivo y exportador que no quería dejar de analizar en el presente volúmen.

El propio Gobierno Nacional, a través de la SubSecretaría de Pesca de la Nación reconoce que la acuicultura tiene una potencialidad de generar USD 2.500 millones en divisas, y que, además, puede igualar o incluso superar los empleos directos e indirectos que hoy genera la pesca extractiva, que son del orden de los 150.000 puestos.

Nuestro país presenta una diversidad climática que permite la producción de una amplia gama de especies. También son relevantes la abundancia de territorios disponibles para la práctica y la reconocida pureza de los recursos en algunas regiones.

Argentina tiene mucho desarrollo por delante, con un litoral marítimo extensísimo y una cantidad de recursos naturales que nos permitirían producir en todo el país distintas especies sin la necesidad de requerir compensadores especiales que aclimaten el agua, por ejemplo.

Así, podemos desarrollar en un mismo país especies de aguas frías, como la trucha arco iris y el pez limón, moluscos bivalvos, como también especies de zonas cálidas como el pacú, la boga o la tilapia.

Con algo de optimismo, debemos reconocer que Argentina cuenta actualmente con dos puntos destacados de producción acuícola. Cada polo se corresponde con una de las principales especies; en la Patagonia norte se produce la trucha, mientras que la región del Noroeste Argentino se especializa en el pacú.

También se producen pequeñas siembras de carpas, tilapias, surubíes, e incluso especies marinas como moluscos bivalvos en zonas muy diversas, desde la cordillera del Noroeste Argentino hasta el canal de Beagle, en el extremo sur de Sudamérica.

Sin embargo, debo destacar que su expansión se ha visto dilatada, hasta el momento, por una multiplicidad de factores que han causado un muy bajo nivel de inversiones.

Entre ellos se observa inicialmente, como ya hemos mencionado, una carencia normativa y, sobre todo, criteriosa que regule el desarrollo de la actividad, sumada a una total escasez de instrumentos de fomento.

Hablo de buen criterio fundamentalmente porque Argentina posee una ley marco para la actividad, pero carece de actores que repliquen sus efectos con idoneidad.

En el país, existe la Ley 27.231 de "Desarrollo Sustentable del Sector Acuícola", basada en el Decreto Nacional Nº 692/2017, del 1 de septiembre de 2017 y publicada en el Boletín Oficial el 4 de septiembre de ese mismo año.

Dicha Ley, según lo manifiesta explícitamente en su considerando, "tiene por objeto regular, fomentar y administrar, disponiendo las normativas generales necesarias para su ordenamiento, el desarrollo de la actividad de la acuicultura dentro del territorio de la República Argentina".

Como su nombre lo indica, la norma debe bregar por la sustentabilidad apostando a la viabilidad de la acuicultura y de cada uno de los proyectos que puedan surgir en ese sentido.

El Ministerio de Agroindustria es la Autoridad de Aplicación de la Ley y, a partir de esa regulación, se creó una comisión asesora técnica, integrada por Servicio Nacional de Sanidad y Calidad Agroalimentaria (Senasa), el Instituto Nacional de la propiedad Industrial (INPI), el Instituto Nacional de Tecnología

Agropecuaria (INTA), el Instituto Nacional de Tecnología Industrial (INTI), el Instituto Nacional de Investigación y Desarrollo Pesquero (INIDEP,) y presidida por la Secretaría de Agricultura y pesca. Su objetivo principal es evaluar la totalidad de los proyectos (de emprendedores, de universidades, etc) para determinar su sustentabilidad dentro de la actividad.

Bajo esa comisión no se dictan normas, pero se evalúa y se hacen recomendaciones para lograr que los procesos tengan un desarrollo sustentable. Todos los proyectos deben ser evaluados allí y sometidos a una votación para representar el criterio de sustentabilidad productiva, económica, ambiental y social de todos los procesos.

Si bien está claro que no es lo mismo un proyecto productivo de mejillones (que no requiere alimentarlos) que uno de trucha arcoiris (que implica un proceso muy complejo desde el cultivo, las redes, la siembra, el alimento balanceado y otros componentes compensadores), la realidad es que la burocracia y la divergencia de criterios terminan por echar por tierra a la mayoría de los proyectos.

Como ejemplo podemos citar la intención de los empresarios del sector langostinero, al que pertenezco, por desarrollar una acuicultura del crustáceo en las caletas del mar argentino. Ya ha habido sendas pruebas piloto que ratifican la posibilidad cierta de desarrollar la siembra, pero el desaliento del gobierno a las inversiones y el desinterés estatal ha hecho que eso se discontinuara.

De ese modo, siguiendo las estadísticas, vale reconocer que Argentina compite, con armas totalmente disímiles, contra el langostino o camarón vannamei, siendo ésta justamente una de las especies más cultivadas mundialmente.

Es tal la influencia de esa especie de cautivo, que, en Latinoamérica, el langostino o camarón responde a esa categoría comercial de crustáceos decápodos del suborden dendrobranchiata. El Litopenaeus vannameies conocido también como camarón blanco, langostino blanco, langostino del pacífico o langostino patiblanco entre otros nombres comunes. Es originario de las costas orientales del Océano Pacífico, desde México por Centro y Sudamérica hasta Perú.

Según registros de la Organización de las Naciones Unidas para la Alimentación y la Agricultura (FAO), desde el año 1998 su utilización en acuicultura aumentó de manera exponencial siendo actualmente una de las especies de invertebrados marinos más cultivados en todo el mundo.

El langostino salvaje argentino representa nada más que el 7% del share total mundial. Es decir, que el 93% de la producción de estos crustáceos no corresponde a nuestro país, siendo, sobre ese total, mayormente una especie de criadero.

O sea que la especie que se extrae en nuestro territorio es una mínima porción de lo que se podría hacer con la acuicultura. Como ya anticipé, con el langostino de cultivo se obtiene lo mismo que se captura con la pesca tradicional en menos de un cuarto del tiempo que toma hacerlo por extracción.

Por otra parte, en cuanto a los precios de comercialización, encontramos que el Vannamei se comercializa al mismo precio que el salvaje, y, en muchos casos, hasta más caro.

Argentina tiene la posibilidad de hacerlo. Pero, para competirle al Vannamei se debería trabajar muy fuerte tecnológicamente, para tratar de lograr dos o tres ciclos anuales con las temperaturas que requiere la cría.

También se debería buscar una dieta específica, porque más allá de los cultivos naturales, hay compuestos especiales que son necesarios para su alimentación y desarrollo.

Si bien es cierto que requiere una inversión elevada, justamente hablamos de una "inversión" para la producción de un recurso que permitiría un ingreso histórico de divisas a las arcas nacionales y provinciales.

Además, esa producción de cautiverio permitiría incrementar la biomasa disponible para comercializarlo en todo el mundo, permitiendo la posibilidad de exportar todo el año, siendo esa una posibilidad fantástica que brinda la acuicultura, en contraposición con la pesca extractiva, en donde se aprovecha el recurso sólo por temporada.

Las autoridades deberían buscar todo lo que se hace en el resto del mundo para adaptarlo al contexto argentino y destinar, como mínimo, una inversión pública a modo de testeo, para que luego el sector privado lo tome y desarrolle los proyectos.

Sin embargo, Argentina no lo concreta. Fundamentalmente, por lo mismo que dije antes: porque no hay políticas fuertes de fomento a la acuicultura, lo que lleva a los productores a realizar el proceso en otros países en donde es más barata la mano de obra y en donde existen muchos más incentivos estatales para la inversión privada.

La falta de apoyo y los altos costos de producción no sólo se observan en la acuicultura, sino que forman parte integral de todo el universo de la pesquería nacional.

En el caso del reprocesamiento del langostino, la mayoría de las empresas exportan principalmente colas en bloque y el crustáceo entero en cajas de dos kilogramos, simplemente porque es mucho más barato.

Como dije en el capítulo anterior, muchas de las grandes empresas pesqueras de argentina tienen plantas procesadoras propias afuera del país (generalmente en Perú, Tailandia o Vietnam), hacia donde prefieren enviar sus cargas para descongelarlas y reprocesarlas, gastando un 50% menos de lo que saldría hacerlo en Argentina.

Allí es en donde se observa que la impericia y la falta de voluntad de las autoridades estatales terminan por abortar las acciones de desarrollo acuícola.

Otro escollo incipiente es que suele haber baja disponibilidad de ovas o ejemplares juveniles para la reproducción y su genética suele ser de bajo nivel. Por otra parte, el alimento balanceado, que representa la mayor parte del costo de la fase de engorde, tiene precios muy elevados por la escasez de productores y su bajo grado de especialización, dado que son, en su mayoría, productores de alimentos para otros animales.

Obviamente que a nivel provincial, también son casi nulas las políticas y las leyes que fomentan esta actividad. Por ejemplo, en Chubut, hay una centolla de primer nivel y no la desarrollamos.

Allí se pueden ejecutar siembras similares a las de Alaska, pero no hay ningún proyecto ni estudio concreto en ese sentido.

En este punto, me interesa tomar a Chile como caso testigo, siendo que el país trasandino ha conformado un imperio mundial de la siembra del salmón rosado y es hoy la capital internacional para la cría de esa especie, mientras nosotros estamos a años luz siquiera de evaluarlo.

Allí emerge un dato más que elocuente: Chile exportó en los últimos 500 días, solo en Salmón, más de lo que exportó nuestra provincia de Tierra del Fuego en los últimos 25 años.

En Argentina casi no hay salmón, pero podríamos, por ejemplo, fortalecer y expandir con decisión la acuicultura de truchas. De ese modo, el sector también podría aportar al ahorro de divisas mediante la sustitución del salmón chileno por la trucha patagónica en el mercado local.

La producción de esa especie atravesó un sendero de crecimiento en los primeros años del siglo XXI hasta alcanzar en 2007 un pico de 1.863 toneladas. Luego de ese año, aunque con oscilaciones, entró en una tendencia decreciente y, en 2019, alcanzó un total de 1.201 toneladas (42% menos que el máximo de 2007).

Al ser un salmónido de gran calidad, por su textura y sabor, la trucha cuenta con un importante potencial de expansión tanto en el mercado exterior como en el local.

Pero la trucha no debe tomarse como el reemplazo del salmón, sino como su superación. La trucha arcoiris argentina es un producto totalmente libre de antibióticos, que está producido en zonas libres de enfermedades transmisibles, cosa que no pasa con el salmón a nivel internacional.

Entre los detractores de la actividad, las principales críticas tienen que ver justamente con el uso de antibióticos, que al no ser algo natural, propaga enfermedades. Sin embargo, en este punto, Argentina tiene una posición de avanzada, dado que no se permite la inoculación de antibióticos, y los embalses para el desarrollo deben estar certificados con el estatus sanitario del SENASA, siguiendo un proceso de control sustentable.

Volviendo a la importancia de la siembra de truchas, es menester reconocer que su aspecto es similar al salmón, pero que su gusto es superior. En cuanto a su valor, también vaticino que se quedaría con todo el mercado interno, dado que, al no ser importada, su precio debería ser muy inferior.

Ganar ese mercado tan selectivo permitiría que la producción truchera cuente con demanda sobre la cual crecer en el ámbito local y generar así un incipiente ahorro de divisas mediante la sustitución de importaciones. En la medida que se haga crecer la acuicultura, vamos a poder satisfacer la mesa de los argentinos y también exportar más.

Además, ese crecimiento puede mejorar las capacidades exportadoras para el mediano y largo plazo. Adicionalmente, y como refuerzo de lo anterior, se estima que, con una tarea decidida y sostenida de sembrado, se podría abastecer el mercado doméstico en un plazo de menos de dos años.

Por otro lado, el denominado "pez limón" es otra de las especies que tenemos en el Mar Argentino que cotiza más que el propio salmón rosado. Se trata de una especie que tiene un sabor increíble cuando se lo ingiere crudo, porque posee una textura mantecosa y un tenor graso que lo hacen inigualable. Actualmente, es un producto premium que es utilizado cada vez más frecuentemente en piezas de sushi comercializadas en reductos exclusivos.

En Chubut está lleno de caletas o sectores de aguas tranquilas para el fomento de la acuicultura de esa especie y tampoco hay proyectos en ese camino. Es decir, que están dadas todas las condiciones para hacer enormes inversiones y criar para vender a toda la comunidad, pero no lo hacemos. Tenemos un producto de calidad que el mundo requiere, pero al país pareciera no importarle.

La precariedad de la infraestructura en áreas clave constituye otro obstáculo relevante; en particular, las zonas de producción no cuentan con tendido eléctrico ni caminos suficientes para el normal desarrollo de la actividad. En este caso resulta esencial fortalecer la cooperación entre los gobiernos provinciales, el Gobierno Nacional y los productores.

Ahora bien, también hay otros factores que influyen notablemente en la falta de interés que muestran las autoridades nacionales y provinciales para el desarrollo acuícola. Hay que reconocer que esa desidia gubernamental también se ve influida muchísimo por el bajo consumo doméstico de pescado y por la falta de capacitación en la materia. Ambos factores necesitan un proyecto a largo plazo que las autoridades no han decidido emprender.

Ambas problemáticas, las desarrollaremos en el devenir de los capítulos siguientes, aunque les anticipo que el casi nulo nivel de consumo interno de productos pesqueros es un obstáculo muy fuerte para el desarrollo de la actividad, mientras que el escaso conocimiento técnico de productores e instituciones, en las distintas regiones, por parte de potenciales emprendedores, es un factor fundamental que cercena el rápido crecimiento de la cadena acuícola.

Desde mi posición, también reconozco que el sector privado (de la mano de muchos de los empresarios que lo componen) también sufre de la falta de inversiones, lo que responde a los factores ya mencionados y a la falta de voluntad para encarar proyectos a largo plazo que nos involucren a todos los actores de la cadena pesquera.

Entiendo que en Argentina debemos trabajar para desarrollar una acuicultura que nos otorgue un alto nivel de distribución en el posicionamiento geográfico, y una elevada norma de control, monitoreo y seguimiento, logrando que haya un alto precio del producto (con la trucha en el orden de los 9 a los 12 mil dólares), orientadas a mercados con un alto nivel de exigencia y controles (como el japonés) que auditan todo el proceso de calidad.

A diferencia de otros países, creo que deben darse pequeños pasos sostenidos e ir de a poco, buscando un alto estándar de calidad, para que el consumidor final elija los productos de la acuicultura argentina. Eso nos va a permitir llegar a una actividad sustentable.

Hasta el momento, por todo lo dicho, podemos inferir que se ha producido un verdadero círculo vicioso, comprendido por la desidia gubernamental, la inacción del sector empresario, la falta de cultura de consumo y la carencia de profesionales idóneos, que confluye en un embudo que conspira contra el desarrollo acuícola y de la pesquería argentina en general.

La iniciativa propuesta busca, además, concientizar sobre la necesidad de contribuir en la producción de alimentos a nivel mundial, dado que el crecimiento de la población ha determinado una fuerte demanda de la pesca de captura, hasta el punto que muchas poblaciones ícticas se encuentran sobreexplotadas, o incluso agotadas, no siendo capaces en la actualidad de satisfacer las necesidades crecientes de la población.

Allí, la acuicultura aparece como una luz de esperanza para el desarrollo de las economías de las regiones emergentes y para asistir en la alimentación de todo el planeta.

Por ello, considero que debemos bregar de manera urgente por un diálogo coherente entre todos los sectores porque se trata del desarrollo de una actividad propicia para todo el universo de la pesquería nacional, e, incluso, por fuera de la actividad, dado que permitiría altísimos ingresos a las arcas del país y dotaría de fuertes beneficios al consumo interno, aportando una amplia variedad de especies para nutrir las diferentes propuestas gastronómicas.

# 9

# Reparación *Ambiental*

## Contaminación y falta de compromiso de los actores

MAT
03179

La contaminación ambiental emerge cada día sobre mis espaldas como una materia que siento adeudar desde que comencé con mi participación en el mundo de la pesquería. Y eso también tiene mucho que ver con la carencia normativa que nos viene permitiendo mirar hacia otro lado y hacer oídos sordos ante los embates sobre la madre naturaleza.

Si bien la nueva Ley de Pesca de la Provincia de Chubut hace mención al cuidado del medio ambiente, sigue siendo una materia pendiente de abordar por parte del sector y la política.

Espiritualmente, me carcome por dentro sentir que somos parte de un sistema tóxico que está dañando el ecosistema, pero mucho más me perturba pensar que no hacemos nada de nada para tratar de cambiar la realidad imperante.

Para llevarlos a un grado de comprensión mucho más simple sobre mi sentir, he decidido trazar un paralelismo de la situación ejemplificando la escena con un hecho de índole penal.

En este caso, obviamente, la muerte anunciada, lenta y agónica, sería sobre las aguas del Océano Atlántico Sur, y, más específicamente, sobre nuestro Mar Argentino, pero también sobre el aire que respiramos a cada segundo de vida.

Y allí, la particularidad es que no se trata de una muerte natural, sino de ultimar sistemáticamente nuestro oxígeno y el ecosistema de las aguas que bañan nuestras costas.

Está más que claro que el hecho no se lleva a cabo con premeditación y alevosía, pero entiendo que la desidia y la falta de empatía con el medio ambiente, por parte de todos los actores que componemos la cadena de la pesquería nacional, nos señala como partes intrínsecamente relacionadas y responsables.

En este punto, siguiendo con el ejercicio, es importante tipificar las responsabilidades y allí me remito a las figuras penales de "autor o autores del hecho", "partícipes necesarios" y de "cómplices secundarios".

Para la Ley penal argentina, "autor" es el individuo que realiza un aporte causal con voluntad de autor, mientras que los partícipes que realizan un aporte sin el cual el hecho no hubiera podido cometerse son "partícipes necesarios", y quienes realizan cualquier otro aporte en las condiciones durante la ejecución o la preparación, son "cómplices secundarios".

Así, por un lado, aparecen las empresas pesqueras, incluyendo tanto a las plantas procesadoras en tierra como a las flotas de embarcados, y a sus trabajadores, a quienes agrupamos y señalamos como autores del hecho y, por el otro, podemos especular con que el Estado y sus funcionarios se erigen como los partícipes necesarios, habida cuenta que son quienes, con su escasa acción, facilitan la concreción del daño.

Por último, también emerge el Poder Legislativo al cual podemos señalar como cómplice, dado que no hace absolutamente nada para evitar el daño perpetrado.

Dicho esto, lejos estoy de tratar de comparar empíricamente la ejecución de un hecho de carácter penal con la contaminación del medio ambiente, pero creo que la traza nos acerca conceptualmente a las implicancias que tiene cada acción en la que atentamos, directa o indirectamente, contra la preservación del medio ambiente.

El ejemplo no hace más que demostrar que todos los eslabones de la actividad pesquera tenemos, en mayor o menor medida, una responsabilidad vital en todo lo que ocurre.

En mi caso, esta ha sido otra de las problemáticas viscerales que me motivaron para escribir estas líneas. Siento que hoy formo parte de un núcleo empresario que no exige, hace, ni propone nada para cambiar el status quo reinante en la materia.

Quizá muchos otros actores de esta historia sientan que no tienen responsabilidad. Es muy común en nuestro país echarle la culpa al otro mientras que la autocrítica pareciera ser apenas la excepción a la regla. Y, justamente, esa oveja negra es lo que quiero ser.

Según los manuales de psicología, la culpabilidad aparece cuando uno mismo dictamina que se ha cometido una falta y que debe ser castigado por ella. En resumen, el sentimiento de culpa se desarrolla no sólo debido al acto causal propiamente dicho, sino también por la percepción y autovaloración negativa del mismo.

Y eso es lo que me ocurre, a partir de lo cual busco plantear los principales ítems de la problemática y sus posibles soluciones.

Como empresario del sector, y luego de haber interactuado con mis pares, con políticos, pescadores, capitanes, científicos, periodistas, etc, mi impresión es que la pesquería, en su conjunto, aún no comprendió que su sustentabilidad depende de la salud de un recurso y del océano, no solo de una especie, sino de todas las especies que allí conviven. Eso es lo primero.

Falta un entendimiento completo del ecosistema marino. No entendemos que la alta contaminación con plástico y que el abandono de artes de pesca o cajones pesqueros que se tiran desde los buques tienen un impacto sobre todo el ecosistema y va a acarrear consecuencias mortales sobre la propia fuente de ganancias y sobre nuestra propia economía.

Regularmente, observo como las costas chubutenses permanecen regadas de peces sin vida, de olores nauseabundos y de cataratas de efluentes pesqueros que contaminan la zona durante los 365 días del año.

Allí, hace poco tiempo, Puerto Madryn, la Capital del turismo de la provincia, mostró su peor cara, derramando sobre su costa miles de litros de residuos de metabisulfito de sodio (químico con olor a huevo podrido que regularmente se usa como agente conservante en la pesquería) conformando extensas cascadas que recorrieron el relieve hasta sumergirse en el mar Argentino y exterminando todo a su paso.

Los estudios ambientales también han demostrado la presencia de altas concentraciones de amoníaco NH3, caracterizado por ser un gas incoloro, de olor muy penetrante, bastante soluble en agua, y que, en estado líquido, es fácilmente evaporable. Se utiliza normalmente para la degradación de los residuos pesqueros y como refrigerante.

La exposición a altas concentraciones en el aire, puede producir quemaduras graves en la piel, ojos, garganta y pulmones, y en casos extremos hasta puede provocar ceguera, daño en los pulmones e incluso la muerte.

A bajas concentraciones puede causar tos e irritación de nariz y garganta. Su ingesta provoca quemaduras graves en la boca, la garganta y el estómago.

Con solo recorrer la zona, y a la vista de todos, se vertían miles de miles de litros de ese veneno sobre el mar, generando también evaporaciones que dañan severamente nuestro oxigeno.

La lesión es irreparable, con miles de aves y peces muertos cada día, con efectos muy dañinos sobre quienes deciden bañarse en nuestras aguas y con especies que sufren una silenciosa depredación de la que nadie parece tomar nota.

Está claro que faltan más leyes y mayores sanciones para quienes contaminan, pero aquí retomo lo que decíamos en el capítulo sobre la puesta en vigor de la actualización del marco normativo, porque sería en vano que las leyes mejoren si el empresariado y la auditoría estatal siguen mirando para otro lado.

Observo que las autoridades políticas y todo el resto de los actores muestran una preocupación, pero también veo que eso hoy se limita únicamente a una reacción ante la demanda de la sociedad y sólo busca evitar que se dañe la imagen de las empresas y del espectro político.

Digo, entonces, que el cuidado del medio ambiente es abordado "pour la gallerie", concepto a partir del cual el que habla de ese modo expresa conceptos "con el fin de provocar un efecto determinado ante un auditorio particular, siendo que el mismo orador, en otro contexto, vertería opiniones muy diferentes".

La frase, de origen francés, apunta a los casos en que el contraste del contenido del discurso es relevante. Decir algo "pour la gallerie" es mostrarse para la tribuna, elegir giros o ideas con un alto porcentaje de demagogia, diciendo aquello que es políticamente correcto.

La expresión nació en las galerías y en los salones de la alta política francesa de antaño, cuando algunos funcionarios o allegados al poder hacían observaciones para quedar bien con los mandamás, con el único afán de adular o demostrar interés y expertise sobre determinados temas.

Ahora bien, mi postura está muy lejos de esos conceptos, porque creo que se requiere que haya un entendimiento global acerca de que, para la actividad, todo depende del océano y del medio ambiente, para, a partir de allí, buscar que el interés de conservación sea más genuino y transparente, y que no se limite a la imagen que se quiere dar.

Otra impresión es que el sector muestra un recelo sobre aquel que quiere opinar o participar sobre la conservación del medio ambiente acuático, omitiendo que el mar es un patrimonio de todos y no de una industria determinada.

Por otro lado, entrando en la actividad de captura que llevan adelante los buques pesqueros (de los que soy parte), debo reconocer que la pesca es en sí una actividad extractiva primaria que genera un gran daño al medio ambiente.

Todo empieza con la locura que tiene el barco por pescar. Cuando las embarcaciones salen tienen los cajones vacíos y apilados en el techo del puente. Los arman ahí porque necesitan la cubierta vacía para arrojar el pescado, lavarlo y bajarlo a la bodega.

Entonces, en esa vorágine, cuando se quedan sin cajones, sube un marinero al techo del puente y los tira desde ahí. A veces rebotan y caen al mar y nadie los busca. Quedan allí, generando, por acumulación, un daño ecológico casi irreparable.

Otra situación muy común tiene que ver con la manipulación de los cajones, en donde siempre alguno se rompe, y también es arrojado al agua con destajo.

Por otra parte, para quienes no lo saben, dejenme contarles que entre lance y lance, el barco tiene dos bombas (una de achique y otra de baldeo). La de achique, cuando el barco hace agua, se enciende y tira agua al mar. La de baldeo hace ingresar agua del mar para limpiar la cubierta y tiene tanta fuerza que arroja al océano de todo: pedazos de red, cabos, guantes, etc.

Eso demuestra la desidia que existe en la actividad y de la que todos somos parte, fundamentalmente porque hay una falta total de conciencia ambiental.

Por su parte, otra pata de la destrucción ambiental tiene que ver con el hecho de no tener una política de "descarte cero". Esto tiene que ver con no guardar nada de las especies que se pescan y que son ajenas a la especie objetivo. Se tira todo y eso también daña el ecosistema marítimo, constituyendo un daño tremendo.

Para tomar como referencia, sólo de langostino se pescan entre 200.000 a 250.000 toneladas anuales. Entonces, imaginemos cuánto se tira de otras especies.

La captura del langostino patagónico afecta a la comunidad marina en la que vive, dado que produce una de las mayores tasas de descarte en el mundo, es decir, que en las redes con la que es extraído también son retirados del mar una enorme cantidad de fauna acompañante, entre los que se encuentran invertebrados, juveniles y adultos de rayas, tiburones y peces óseos, etc.

Este volumen generalmente no es aprovechado, ni aún las especies de peces comerciales, por lo que son devueltos a las aguas, sin vida.

El langostino que se captura en aguas nacionales habita en la zona de veda de juveniles de merluza, por lo tanto, la pesca puede generar mucho by-catch (pesca de especies acompañantes). Para reducir esta situación negativa sobre la merluza, el INIDEP (Instituto Nacional de Investigación y Desarrollo Pesquero) patentó un dispositivo de selectividad llamado DISELA que se añade sobre el extremo de las redes y mediante una trampa permite el escape de los ejemplares de merluza.

Sin embargo, a pesar de contar con el respaldo de la administración nacional que obligó a utilizarlo en la pesca de langostino, el dispositivo tiene escasa popularidad por provocar dificultades en las tareas extractivas y menores rendimientos en las operaciones de pesca.

La autoridad de aplicación indica que hasta un 5% es un descarte aceptable de otras especies, o sea que permiten unas 12 mil toneladas de descarte, pero la realidad es que se puede llegar a tirar el doble, sólo para que no ocupe espacio en los buques pesqueros. Una verdadera locura.

Por otra parte, saliendo del mar y remitiéndonos al medio ambiente en general, la pesca también es dueña de la generación de la denominada "huella de carbono", entendida como la cantidad de gases de efecto invernadero emitidos de manera directa por los motores de los buques de pesca. En este caso, la contaminación del aire por monóxido de carbono es descomunal y tampoco se está haciendo nada para evitarlo.

Aquí, la reparación ambiental sería muy sencilla, dado que solo se debería forestar la zona con la cantidad de árboles necesarios para producir la reparación integral del medioambiente. Pero, tampoco se hace.

Entonces yo me pregunto: ¿Qué le damos a la madre naturaleza? Le sacamos todo y no le damos nada.

No hay normas claras sobre este tema. En muchos funcionarios falta educación y conciencia sobre la importancia del océano y el mar. Somos un país que está de espaldas al mar y eso se refleja fundamentalmente en nuestros representantes.

No hay una mala intención pero sí la búsqueda de una ganancia exorbitante (cueste lo que cueste) y hay mucha ignorancia sobre la importancia de conservación del medio ambiente.

Cuidar el recurso y cuidar el mar es la mejor inversión que se puede hacer para preservar la sustentabilidad de la actividad en su conjunto.

Sin embargo, entiendo que no podemos bajar los brazos y seguir actuando como hasta ahora. Es responsabilidad de todos involucrarnos. Hay que llevar el mar al Congreso Nacional, al Poder Ejecutivo y lograr mayor conciencia.

Debemos bregar por nuevas normas a nivel nacional que incluyan mayor capacitación y obligaciones para todos los sectores, así como también mayores controles y sanciones severas para quienes no las cumplan o sean parte de un círculo corrupto que mira para otro lado con el fin de obtener beneficios personales.

Actualmente hay una carencia total de monitoreo y de penas aplicables. Que un ciudadano común no tenga conciencia social sobre el cuidado del medio ambiente es un reproche que nos debemos hacer todos, ahora bien, que al trabajador, en su actividad, no se lo forme en ese sentido es mucho más grave.

Reconozco que durante todos mis años en la actividad nunca invertí ni un peso en capacitar a los trabajadores sobre el cuidado del ecosistema. Y eso es autocrítica pura, aunque no podemos dejar de citar que, en los últimos quince años, la Secretaría de Pesca (ni en el ámbito nacional ni en el provincial) se preocupó por ello, ni nos obligó a tomar ninguna medida. Nunca nos exigieron dar ni siquiera una charla sobre el tema, ni presentar un certificado sobre la temática.

El Estado tiene la potestad de trabajar sobre políticas en ese sentido que nos obligarían a alistarnos de cara a la problemática. Es el primer eslabón, el que debe tomar el toro por las astas, pero no lo hace…

Ahora bien, la contaminación no se da solo puertas adentro, dado que otro de los graves embates ecológicos que afecta al Atlántico Sur y al Mar Argentino tiene que ver con la ya mencionada flota de más de quinientas embarcaciones que operan de manera ilegal y permanente sobre todas las especies de la Zona Económica Exclusiva de la Nación Argentina y que contaminan todo a su pasar. Esta situación, que analizaremos en detalle en el Capítulo 11 del presente volúmen ("Prevención, control y sanción de la pesca ilegal"), también es de vital importancia para preservar los recursos.

Por eso, creo que la política de recuperación y preservación del medio ambiente debería estar ligada a una batería de acciones y políticas públicas a nivel nacional e internacional que exijan su cumplimiento para poder seguir en la actividad.

A nivel nacional, por ejemplo, y sólo por citar alguna propuesta, se podría limitar la renovación de los permisos a quienes no cumplan con las normas o no capaciten a sus trabajadores, se podrían identificar los cajones, redes y otras artes de pesca utilizadas por cada empresa, etc.

En el ámbito internacional, y en el marco de la pesca clandestina, se debería trabajar mancomunadamente con los Estados parte, en base a la conformación de comisiones y acuerdos bilaterales que arbitren y controlen ese tipo de actividad.

Si hay buena voluntad se puede llegar a buen puerto y volver el tiempo atrás, evitando la extinción del recurso más rico y extenso de nuestro territorio.

Esto no se puede hacer de un año para otro, pero se podría iniciar con pequeños pasos. Entiendo que las autoridades están trabajando pero no es para nada suficiente, porque creo que también falta mucha capacitación.

En ese sentido, creo que aquí se observa de modo coincidente el hilo deficitario que nutre a la pesquería argentina, porque muchas de las impericias mencionadas también se deben a que somos un país carente de capacitación y formación académica en todo tipo de cuestiones abocadas a la pesca, entre las que no escapan las relacionadas con la preservación del medio ambiente.

Tomando como analogía la existencia de profesionales de seguridad e higiene en las empresas, creo que debería haber algo similar y específico para nuestra actividad. Hasta se podría evaluar la creación de una empresa de limpieza específica para ese fin.

Pero todo eso forma parte de un universo mucho más amplio que tiene que ver con la importancia de la capacitación sectorial y la multiplicación del empleo, iniciativa que amerita, a continuación, el desarrollo de un nuevo apéndice.

“Esquivar el iceberg de la ignorancia
y avanzar viento en popa sin temor
al naufragio.”

# 10

# Capacitación sectorial y *multiplicación del empleo*

Basta de Sorchofas y Sorquingas

Casi como parte de nuestro folclore, los argentinos tenemos la particularidad de hablar sin saber. Si hay algo que es bien criollo y muy de nuestra cultura, es hablar sin tener la menor idea de lo que estamos diciendo.

Uno ve casi sin asombro opinadores seriales de fútbol, tenis, economía, política o física cuántica. Así somos nosotros cuando nos miramos al espejo: expertos en todas las materias, pero con conocimiento en casi ninguna. Que quede claro que el reflejo me incluye…

Se dice que las personas que opinan sobre todo sin tener conocimiento de casi nada, se definen como "ultracrepidarios". Si bien se trata de un término de uso muy escaso, la propia Real Academia Española aclaró en la red social Twitter, el 18 de enero de 2019, que se trata de un concepto que "procede del inglés "ultracrepidarian", y que da cuenta de una voz creada en 1819 a partir de formas latinas, para designar irónicamente a quien opina sobre cuestiones que desconoce".

Es decir, son esos perfiles humanos que no dudan en corregirnos y en minimizar nuestras valías para destacarse en cualquier circunstancia y en medio de toda conversación.

Desafortunadamente, lejos de estar en peligro de extinción, aparecen más cada día.

Son los que nunca se callan, los que tienen sugerencias para casi cualquier tema y los que quieren arreglar el mundo a menudo. Tienen la tendencia casi obsesiva de opinar y dar consejos sobre áreas que ni conocen ni controlan…

Hace muchos años, recuerdo con claridad que mi amigo Gustavo González, titular de la Cámara de la Flota Amarilla de Chubut, me dijo una frase que a medida que transcurre el tiempo, más vigencia recobra: ..."mirá Tato, en Chubut, ... el que más sabe de langostino, no sabe nada"...

Tan cierto como eso. Ha pasado más de una década desde aquella tarde soleada en la que esperábamos con desesperación la aparición del langostino para dar inicio a la zafra.

La angustia era total, pues estábamos parados sobre el extremo este de la banquina mirando el canal de ingreso al Río, y observábamos con desazón la entrada de los buques con muy poca carga porque el crustáceo estrella no aparecía.

Allí, entre tanto, llovían recurrentes teorías de "Sorchofas y Sorquingas", siendo ambos términos los que utilizamos en el lenguaje pesquero para sostener las diferentes hipótesis que más se adapten a la conveniencia de cada relato: falta calor, el pez aún no entró, la temperatura del agua está unos grados más baja que otros años, falta presión marina para que la especie baje, etc.

Armadores, patrones, marineros, maquinistas, estibadores, etc. todos somos, en general, un poco bastantes ultracrepidiarios. Nos encanta repetir como loros versiones que vamos escuchado sobre los problemas y soluciones de la pesquería, sin profundizar ni siquiera uno de los temas en cuestión.

Es alocado rezar cada temporada a cuanto santo se nos aparezca para que el langostino, que por definición es una especie que se desplaza a lo largo de todo el año, ingrese a nuestras aguas provinciales para obtener una buena captura. Ahora, imaginemos estar absolutamente estresados por esta circunstancia y que el muelle se llene de ultracrepidiarios hablando del tema sin tener la más mínima idea de nada.

Ellos tienen respuesta para todo, nunca se callan y ni siquiera son conscientes de sus limitaciones. Y siempre se da un común denominador, en base a un principio muy elemental: "cuanto menos saben, más creen saber".

Sin embargo, soy defensor de las personas con inquietudes, de aquéllas que cuestionan, preguntan, discrepan y promueven el disenso, porque justamente en este punto, o desde esa base, se realizan las grandes construcciones. Inclusive, la evolución de la ciencia...

Por ello, más allá de lo divertido que pueda resultar hablar de "sorchofas y sorquingas" en una reunión, resulta fundamental para el crecimiento y la evolución a largo plazo del sector pesquero, sumar jóvenes profesionales de distintas áreas que se involucren y que vayan profesionalizando la tarea cada vez más, aportando conocimiento, innovación, tecnología, etc.

Históricamente, ya he mencionado que, en su mayoría, los empresarios pesqueros han sido hombres muy adustos, con una escasa o nula formación, que desarrollaban la actividad como producto de un designio familiar.

Pero, actualmente, el mundo ha cambiado y la actividad en sí misma requiere una formación técnica específica que dista a años luz de aquellos patrones aprehendidos.

Hoy en día, debería haber una planificación que contemple la profesionalización y la oferta académica a futuro. Reconozco que es un sector donde hay muchos adinerados y hasta millonarios, pero con algunas o muchas limitaciones en materia profesional.

Desde mi lugar, siempre he valorado la avidez, el esmero y la dedicación de quienes han forjado la actividad a lo largo de la historia y estoy muy lejos de querer dejar al sector sólo en manos de quienes devoren los manuales académicos, pero entiendo que debemos conformar equipos integrales que construyan un equilibrio entre ambas facciones.

En ese marco, entiendo que es imperioso bregar por una normativa que fomente la conformación de un portfolio de carreras de nivel terciario y universitario que formen verdaderos profesionales en la materia.

Ingeniería en alimentación, Tecnicatura Universitaria en Acuicultura, Tecnicatura Universitaria en Producción Pesquera y Maricultura, Licenciatura en Oceanografía, Licenciatura en Comercio Internacional, Administración Portuaria, Biología Marina, Ingeniería Naval, Ingeniería Mecánica, Ingeniería en seguridad e higiene, Ingeniería Ambiental, Logística, Administración Pesquera, etc, son todas carreras que ya existen pero que tienen una escasa oferta de cursada, dado que se dictan en muy pocos establecimientos, y una difusión casi nula.

A su vez, también entiendo que se deberían agregar anexos especializados en pesca en carreras tales como Contaduría, Abogacía, Economía, Administración de empresas, Antropología, Sociología, Tecnología abocada al recurso, etc. Y más aún si se toma en cuenta que la industria pesquera es una de las actividades que mayores ingresos podría aportar al país.

También sería muy importante celebrar acuerdos entre las universidades y las empresas más importantes para sellar la realización de becas, pasantías y prácticas profesionales para estudiantes del sector.

Es decir que debe existir la colaboración de un sinfín de disciplinas académicas que nos permitan profesionalizar el rubro.

Entiendo que debemos trabajar en todo lo que nos permita pensar, por un lado, en el sector en términos productivos, y, por el otro, en el desarrollo del país y su economía.

Pero, para ello, es necesario que el Estado incluya a la pesca en su agenda y traslade las necesidades al Ministerio de Educación, para trazar una currícula afín a las necesidades de la actividad. Sin embargo, hasta el momento, las posibilidades de que algo así se concrete parecen muy lejanas.

De todos modos, en ese contexto, entiendo que debemos unirnos todos los sectores que componemos la actividad y salir a reclamar por todo lo enunciado, porque la mayoría de los actores políticos no están preparados para encarar una transformación como tal.

Como sector interesado debemos reclamar y accionar para lograr su concreción, porque esa acción también nos va a dar control a futuro y va a profesionalizar la actividad dentro de nuestras fronteras.

Estoy convencido de que la ampliación del espectro académico aparece como la punta de flecha que necesitamos para esquivar el iceberg de la ignorancia y avanzar viento en popa y sin temor al naufragio.

# 11



# Prevención, control y *sanción de la pesca ilegal*

Milla 200: defensa de los recursos en aguas nacionales e internacionales

En congruencia con lo mencionado en las páginas precedentes, considero que los vientos de cambio deben llegar en lo inmediato, para que dejemos de especular, evaluar, analizar y reflexionar sobre las diferentes problemáticas, y poder comenzar a actuar en consecuencia.

La realidad es que se nos está acabando el tiempo. El reloj de arena está dejando pasar los granos más rápido de lo previsto y nos obliga a todos a comprometernos para salvar al sector.

En cada ámbito de nuestra vida cotidiana debemos dirimir a diario entre situaciones que son urgentes y otras que sólo revisten cierto carácter de importancia. En la pesquería argentina ocurre lo mismo, mostrando algunas situaciones que requieren una intervención inmediata y otras que nos permiten ciertas licencias temporales.

Siguiendo esta línea, la pesca ilegal, no declarada y no reglamentada (INDNR) de barcos extranjeros en aguas nacionales aparece como una problemática que atenta, casi como ninguna, contra la sustentabilidad eterna del sector.

La falta de una normativa mucho más clara, sumada a una correcta fiscalización y a controles y sanciones mucho más severas para prevenir este ilícito permanente se presenta con carácter acuciante.

A pesar de los reclamos internacionales y del trabajo de la Armada Argentina para intentar evitarlo, cientos de buques extranjeros continúan pescando ilegalmente frente a las costas argentinas, constituyendo un saqueo que podría agotar la presencia de muchas especies en la zona.

Así lo reveló un informe publicado por el sitio InSight Crime, que forma parte de una serie de reportes sobre la pesca no reglamentada, que se elaboró en conjunto con el Centro de Estudios Latinoamericanos y Latinos de la Universidad Americana (CLALS).

La captura ilegal en la Zona Económica Exclusiva (ZEE) de la República Argentina ya la mencionamos en el capítulo nueve como parte de una depredación que, además de atentar contra los recursos pesqueros, está destruyendo el medio ambiente acuático, por lo cual ocupará nuestro análisis durante la presente sección del libro.

Según la Organización de las Naciones Unidas para la Alimentación y la Agricultura (FAO), la "Pesca ilegal, no declarada y no reglamentada" es un término amplio que engloba una gran variedad de actividades pesqueras. Existe en todos los tipos y dimensiones de la pesca, ocurre tanto en alta mar como en zonas bajo jurisdicción nacional, afecta a todos los aspectos y etapas de la captura y utilización del pescado y, en ocasiones, puede estar asociada con la delincuencia organizada. La FAO hace referencia de manera amplia a las actividades clasificadas bajo esta tipología:

Pesca ilegal: realizada por buques nacionales o extranjeros en aguas bajo la jurisdicción de un Estado, sin el permiso de éste o contraviniendo su legislación; realizada por buques que enarbolan el pabellón de Estados que son partes de una organización regional de ordenación pesquera competente, pero faenan contraviniendo las medidas de conservación y ordenación adoptadas por dicha organización y en virtud de las cuales están obligados los

Estados, o las disposiciones pertinentes del derecho internacional aplicable; o en violación de las leyes nacionales u obligaciones internacionales, inclusive las contraídas por los Estados cooperantes con respecto a una organización regional de ordenación pesquera competente.

Pesca no declarada: que no ha sido declarada, o ha sido declarada de modo inexacto, a la autoridad nacional competente, en contravención de la legislación nacional; o llevada a cabo en la zona de competencia de una organización regional de ordenación pesquera competente, en contravención de los procedimientos de declaración de dicha organización.

Pesca no reglamentada: realizada en la zona de aplicación de una organización regional de ordenación pesquera competente por buques sin nacionalidad, o que enarbolan el pabellón de un Estado que no es parte de esa organización, o por una entidad pesquera, de una manera que no está en consonancia con las medidas de conservación y ordenación de dicha organización, o que las contraviene; o realizada en zonas o en relación con poblaciones de peces respecto de las cuales no existen medidas aplicables de conservación u ordenación y en las que estas actividades pesqueras se llevan a cabo de una manera que no está en consonancia con las responsabilidades que incumben al Estado con respecto a la conservación de los recursos marinos vivos en virtud del derecho internacional.

La organización internacional entiende que "socava los esfuerzos nacionales y regionales de conservación y ordenación de las poblaciones de peces y, como consecuencia, limita el avance hacia el cumplimiento de los objetivos de sostenibilidad a largo plazo y de responsabilidad".

Por otra parte, la FAO sostiene que "la pesca INDNR representa una gran desventaja y discriminación para los pescadores que actúan con responsabilidad, honestidad y de conformidad con las condiciones de sus autorizaciones de pesca. Si los pescadores dedicados a la pesca INDNR explotan poblaciones vulnerables sometidas a estrictos controles de gestión o moratorias, no se conseguirá restablecer esas poblaciones a unos niveles saludables, amenazando la biodiversidad marina, la seguridad alimentaria de las comunidades que dependen de los recursos pesqueros para la ingesta de proteínas y el medio de vida de las personas relacionadas con el sector.

Ahora bien, explicitado el marco planteado a nivel internacional, es importante destacar que la situación en el océano Atlántico Sur y el mar Argentino es muy grave, porque pone en riesgo la vida útil de la actividad en el mediano y corto plazo, exigiéndonos acciones impostergables para salvar no sólo la actividad económica e industrial, sino la propia vida acuática.

Para que comprendan, en toda la costa argentina, hasta la milla 12 nos encontramos en aguas de jurisdicción provincial. De la milla 12 a la 200 se trazan las aguas nacionales, mientras que de la 201, pasando la plataforma marítima, existen las que se denominan aguas internacionales.

Justamente en ese límite entre la milla 200 y la 201, los buques extranjeros ponen toda su artillería y pescan de manera legal o semilegal (más adelante les explicaré por qué), explotando el recurso al máximo, para luego entrometerse en aguas nacionales y hacer lo propio de manera completamente ilegal.

Según otro informe global sobre pesca que acaba de publicar la Financial Transparency Coalition (FTC), se estima que la pesca ilegal en aguas territoriales argentinas genera pérdidas de entre USD 1.000 y 2.600 millones cada año.

El daño económico es inmenso, dado que las empresas argentinas exportamos a los mismos mercados y si los barcos ilegales pescan bien, los precios del calamar pueden caer de un rango de entre USD 2.700 y 3.000 la tonelada, hasta por debajo de los USD 2.000, sin tener en cuenta que, además, nuestros costos son mucho más altos.

Es una competencia totalmente desleal, dado que muchos buques extranjeros pagan a sus empleados salarios de USD 200 mensuales, conformando, para un promedio de 20 tripulantes, unos USD 4.000 por mes, mientras que para un buque argentino ese mismo trabajo cuesta más de USD 50.000.

El trabajo mencionado detalla que los moluscos se presentan como el principal objetivo de pesca ilegal en el país y ello, siendo esa una especie estratégica en la cadena alimentaria y la biodiversidad, está provocando un colapso a gran escala en los sistemas de vida marina en el Atlántico Sur.

Las flotas que operan en la milla 201 son, en su mayoría, de banderas de China, Taiwán, Corea del Sur y España. Estas embarcaciones se posicionan en el límite exterior con el objetivo de ingresar a pescar dentro de la ZEE, y muchos apagan sus sistemas de rastreo satelital (transponders o transmisores de posición) durante períodos prolongados, cruzando nuevamente la milla 200 hacia alta mar cuando son detectados por la guardia costera de la Prefectura Nacional Argentina.

Según datos de la Armada Argentina citados por el informe mencionado, desde hace años un promedio de 300 a 400 pesqueros entran con frecuencia en la ZEE para realizar actividades de pesca ilegal, pero, recientemente, la cifra aumentó a 500 embarcaciones.

Sin ir más lejos, por ejemplo, cuando se escucha la radio en medio del mar argentino, se interceptan frecuencias en todos los idiomas: portugués, ruso y, sobre todo, chino.

Según datos de la ONG "Oceana", basados en registros satelitales, alrededor de 433 embarcaciones con bandera china pescaron entre enero de 2018 y abril de 2021 durante 679.067 horas a lo largo de ese límite y desaparecieron de los sistemas de rastreo más de 4.000 veces.

Todos los años, esa enorme flota repite un recorrido que va desde el Atlántico Sur, frente a Argentina, hasta las cercanías de Galápagos, en el Pacífico, pasando por Chile y Perú.

En este punto, Argentina tiene graves problemas de fiscalización porque la Prefectura Nacional y la Armada Argentina poseen escasos recursos para cumplir con el patrullaje. Nuestro país tiene muy pocos buques para ejercer control marítimo en la milla 200 de toda la costa nacional, entonces, como dijimos, los barcos extranjeros apagan el satélite, se meten en aguas argentinas, pescan y luego vuelven a salir.

La depredación pesquera en el Atlántico Sur es un tema que ya ha sido reconocido por Brasil y Uruguay, porque afecta a toda la región, aunque el país charrúa mantiene una posición contradictoria: apoya a la Argentina por Malvinas, pero sigue dando apoyo logístico a buques que están desbaratando el Mar Argentino.

Nuestro vecino del Río de la Plata, colabora descaradamente poniendo a disposición el puerto de Montevideo para que los buques de bandera extranjera descarguen el pescado, carguen combustible y se aprovisionen para seguir con su cacería indiscriminada.

Según una investigación realizada por la ONG argentina, "OceanoSanos", en la región, el principal puerto que usa la flota china es el de Montevideo, en Uruguay, que también es utilizado por embarcaciones españolas, coreanas y panameñas, entre otras.

Anualmente, esta terminal portuaria recibe, en promedio, más de 300 barcos pesqueros extranjeros, de los cuales muchos tienen antecedentes de pesca ilegal.

Pero lo llamativo es que este país es uno de los firmantes del Acuerdo sobre Medidas del Estado Rector del Puerto (AMERP) de Naciones Unidas, que obliga al Puerto de Montevideo a solo dar acceso a los barcos que prueben que todas sus capturas fueron legales y reportadas.

Sin embargo, la realidad es que el Puerto de Montevideo, es el único con régimen de puerto libre de la región, lo que significa que tiene regulaciones de impuestos más flexibles, que lo convierten en uno de los más visitados a nivel global por barcos de transbordo que, según ha reconocido la Organización de las Naciones Unidas para la Alimentación y la Agricultura (FAO), fomentan la pesca ilegal no declarada y no reglamentada.

Se trata de grandes embarcaciones refrigeradas, también llamadas "reefers", que reciben en altamar la pesca de buques más pequeños, permitiendo a estos vaciar su carga sin tener que volver a tierra firme, para que puedan seguir pescando ininterrumpidamente por largos períodos de tiempo.

Esa actividad de transferir la pesca de un barco a otro es una de las estrategias más utilizadas para la pesca ilegal, asegura la FAO, considerando que en las bodegas de los buques frigoríficos se mezcla la pesca de numerosos barcos impidiendo que esta pueda ser rastreada.

Durante mi investigación, obtuve información del medio periodístico uruguayo "Sudestada", que pudo acceder a ciertos datos confidenciales del Puerto de Montevideo y comprobó que allí han arribado barcos pesqueros y reefers con antecedentes de pesca ilegal. Además, la terminal portuaria también ha recibido flotas denunciadas por abuso laboral y trata de personas.

En el mismo sentido, Milko Schvartzman, especialista argentino en conservación marina y miembro de la ONG Círculo de Políticas Ambientales, señaló que la importancia del Puerto de Montevideo con respecto a los puertos chilenos, brasileros y argentinos radica en que les da apoyo logístico y descarga a barcos que han realizado o realizan pesca ilegal. Asimismo hizo hincapié en los buques no declarados o no reglamentados que no cumplen con las regulaciones internacionales.

"La principal diferencia es que en el Puerto de Montevideo no se realizan controles sobre estas embarcaciones. Por ejemplo, cualquier barco que va al puerto de Chile recibe una inspección de la Armada sobre las condiciones legales de navegación, si cumplen con las legislaciones chilenas e internacionales. En Montevideo no se realizan inspecciones por parte de la Armada a ningún barco", expresó.

Ese puerto es uno de los 15 muelles principales del mundo donde los buques extranjeros prefieren atracar y sirve como un centro para el desembarque, transbordo, procesamiento y reexportación.

Ese modus operandi hizo que Uruguay hallara un negocio millonario que nutre sus arcas sin siquiera ser apercibido por las autoridades del resto de la región.

Reconozco que ante las críticas frente a este comportamiento, abocado a ofrecer logística a la pesca INRND, que representa importantísimos recursos para su país, Uruguay ha ido estableciendo ciertos estándares determinados y requisitos de trazabilidad que buscan enmendar o reordenar el tipo de servicio brindado, pero aún su comportamiento está muy lejos de lo que uno podría considerar aceptable.

En este punto, entiendo que Argentina debería trabajar en nuevas normativas e, incluso, también a nivel del Mercosur para hacer valer los derechos del bloque regional y buscar una pauta normativa que le permita al país blindar al menos una porción de esos recursos que fugan miles de millones de dólares.

Si bien debo reconocer que con la Ley 27.564, sancionada en octubre de 2020, aumentaron fuertemente las sanciones para los buques extranjeros (pasó de un máximo de $10 millones a un régimen variable, desde un mínimo de 500.000 hasta un máximo de 3 millones de litros de gasoil), la "Milla 201" sigue siendo una bomba de tiempo.

Sin embargo, la jurisprudencia en la región demuestra que no es un problema de imposible solución, como lo demuestran los logros que obtuvo Ecuador sobre el Pacífico Sur, en tan solo un año.

La flota china comenzó sus actividades frente a la Zona Económica Exclusiva (ZEE) de las Islas Galápagos (Ecuador) allá por 2017. Pero, actualmente, mantiene una franja de distancia de unas 50 millas náuticas.

Recientemente, el propio gobierno ecuatoriano reconoció que hubo negociaciones ante China y aunque el gigante asiático no se haya expresado en ese sentido, la confirmación está a la vista de todos, dado que su flota se mantiene muy alejada de la milla 200 de Ecuador.

Pero, más allá de todo lo expuesto, hay otra cuestión mucho menos desarrollada desde lo teórico que nos lleva a preguntarnos ¿Cuán legal es la pesca más allá de la Zona Económica Exclusiva Argentina?

Y aquí entiendo que vale la pena ir un poco más lejos en el análisis para plantearnos una mirada mucho más disruptiva.

Según mi propio análisis, devenido de horas de diálogo e investigación con especialistas en la materia como el Doctor Cesar Lerena, investigador, escritor y especialista argentino sobre la pesca ilegal y la expoliación de los recursos pesqueros, me animo a coincidir con el basamento teórico que concluye en que la pesca aún fuera de la milla 200, es ilegal.

Entiendo que es absurdo que la pesca en alta mar o más específicamente en aguas internacionales sea libre, porque no se puede dividir una línea imaginaria y porque esa libertad no implica que sea depredatoria.

Es ilegal básicamente porque los buques de captura deben cumplir con las normas de los países de pabellón (sus países), y deben ser controlados por los diferentes Estados, algo que tiene escaso cumplimiento pragmático.

Esa es la primera razón y desde allí se puede desgranar el problema, porque si no hay control es todo un verdadero desbande.

Nadie controla la depredación, los descartes, los desembarcos, si se pescan las especies juveniles, si hay trabajo esclavo, si hay contaminación marina, etc.

Entonces, la pesca en los papeles es legal, pero la falta de normas y controles la convierten en ilegal durante la ejecución práctica de la actividad.

La segunda condición es que no hay conservación de los recursos porque no se determinan las capturas máximas sostenibles. En este punto, todas las autoridades competentes han hecho oídos sordos.

Desde el punto de vista biológico, es ilegal, porque la normativa busca preservar los recursos y eso se convierte en algo imposible desde la práctica, dado que no se pueden preservar las especies si se permite que el recurso migre o se desplace por sobre las 200 millas y lo pesquen libremente sin control ni acuerdo.

La Convención de las Naciones Unidas sobre el Derecho del Mar (CONVEMAR) es considerada uno de los tratados multilaterales más importantes de la historia, desde la aprobación de la Carta de las Naciones Unidas, siendo calificada como la Constitución de los océanos. Sin embargo, a pesar de ser tomada como la ley madre del mar, es muy deficitaria y más en Argentina.

Allí nunca se define terminológicamente ¿qué es un recurso migratorio? y tampoco se plantea ningún recurso argentino. Ni el calamar, ni la merluza, ni el langostino...

En esto, entiendo claramente que hubo injerencia del Reino Unido, porque ellos no querían que el calamar, que llega hasta Malvinas, sea tomado como un recurso migratorio.

El recurso migratorio es considerado tal cuando migra y vuelve. Para ello, además, se deben cumplir determinadas condiciones o requisitos que vale la pena profundizar. Si en el medio se captura indiscriminadamente, sin determinación de capturas máximas permisibles, se detiene el ciclo y eso constituye una acción de Pesca INDNR. Pero hay un gran vacío normativo que pocos plantean.

Por ejemplo, si Argentina confirma que una determinada especie cumple la mayor cantidad de procesos de su ciclo biológico en la zona económica exclusiva del país, se podría hacer un reclamo importante sobre la explotación de ese recurso en aguas internacionales. Sin embargo, nunca se ha hecho.

Otro problema es que el propio Estado argentino aún no ha definido claramente cuáles son sus propias especies migratorias.

Hay especies o stocks que viven mayormente en la ZEE y pasan eventualmente a alta mar, lo que demuestra que eso debería otorgar más derechos a los estados ribereños y que la pesca de esas especies en aguas internacionales también debe considerarse ilegal.

Otro factor que afecta la pesca en el Atlántico Sur son las licencias otorgadas desde Malvinas. Ahora bien, aquí surge otro interrogante bien claro: ¿Por qué Malvinas otorga licencias de pesca?

La pesca en esas islas es ilegal porque es un territorio argentino y lo grave es que los diferentes gobiernos nacionales y sus autoridades, desde 1998 hasta la fecha, han inclumpido con sus deberes de funcionarios públicos, porque, a menos que crean que las Malvinas no son argentinas, deberían haber multado a todas las embarcaciones que pescan con permisos en la zona de las islas.

Entiendo que se trata de un conflicto de muy difícil resolución porque tiene un amplio abanico de vacíos legales que, incluso, escapan de las normativas nacionales, pero considero que el Gobierno Argentino debería tomar estas actividades como un eje central de su política en la materia.

Hoy la pesca extractiva es depredadora y, como dije al inicio del apartado, no se puede dejar pasar más tiempo para plantear pautas más claras, normas de control y sanciones respectivas.

El Estado es el administrador del recurso. Y si no logramos que cumpla con su función, se convierte en un cómplice tan o más depredador que los propios buques que atentan contra el mar Argentino.

Así las cosas, entiendo que deben llevarse a cabo de manera inmediata reuniones bilaterales de gobierno para poder avanzar con acuerdos que sean favorables para todos, desarticulando los vacíos legales que benefician a los Estados pabellones por sobre los ribereños. Sin embargo, creo que se trata de una tarea más que compleja, dado que es muy difícil establecer acuerdos entre un país débil como el nuestro y potencias mundiales que solo buscan sus propios beneficios.

Lo ideal sería lograr convenios entre empresas con el aval estatal. Hay que trabajar en pos de celebrar acuerdos con ciertas reservas que favorezcan al país. Tiene que ser un negocio para todas las partes (empresarios y Estado).

Hasta el momento no hay autoridad para aplicar porque no hay una ley contundente, que no exponga vacíos jurídicos y que ostente límites claros a la pesca ilegal.

Por ello, entiendo que se debe trabajar mancomunadamente en un instrumento nuevo que refuerce la "Convención de los Derechos del Mar", porque una nueva ley es la única forma de blindar al océano de la depredación reinante.

# 12

# *Escasa cultura de consumo* en el mercado interno

En el caso del consumo interno, es conocido por todos que Argentina no es un país acostumbrado a comer pescado. Culturalmente nunca lo hemos incorporado a nuestra dieta diaria, aún siendo amplísimos los beneficios que su ingesta aporta al organismo.

El consumo de productos marinos tiene un rol preponderante en la nutrición y la seguridad alimentaria mundial, representando una fuente valiosa de nutrientes y micronutrientes sumamente importantes para obtener dietas diversificadas y saludables, especialmente para la población infantil.

El pescado tiene proteínas, vitaminas, minerales, es rico en grasas insaturadas (de las "buenas") y es uno de los alimentos que más ácido graso (omega-3) aporta, siendo este nutriente especialmente importante, porque ayuda en el crecimiento de los chicos y favorece el desarrollo de sus capacidades cognitivas y las de las personas mayores. También es antiinflamatorio, beneficioso para la visión y para el aparato circulatorio.

Sea cual fuera su tipo de cocción, es uno de los alimentos más recomendables en la dieta, sobre todo comparado con las carnes. Se trata de un alimento muy versátil, dado que se puede cocinar al vapor, a la plancha, al horno o a la parrilla. Es fácil de digerir, produce mucha saciedad, e incluso frito puede conservar todas sus propiedades

Un estudio de los Institutos de Investigación de Suecia, publicado en septiembre de 2022 en la revista Communications Earth & Environment, concluye que el salmón, los mejillones, la anchoa o el arenque aportan más proteínas que la carne vacuna, de cerdo o de pollo. En la investigación se han evaluado 41 especies distintas con la información disponible de cuatro bases de datos oficiales de Suiza, Japón, Canadá y la FAO.

La proteína que proporcionan los productos marinos constituye una fuente de nutrientes como el selenio y el yodo, sustancias que el cuerpo del ser humano no puede fabricar por sí mismo. En cuanto al contenido en grasa, es muy inferior a la carne. Como máximo, el pescado puede contener un 12% total de grasas frente al 30% de los productos cárnicos que se ingieren habitualmente.

Pero, llamativamente, con más de 4700 kilómetros de costa y gran cantidad de especies de peces en nuestro mar (más los típicos de río) el consumo de pescado aún se encuentra muy por debajo si se lo compara con otras comidas.

Según el Ministerio de Agricultura, Ganadería y Pesca de la Nación, el consumo de pescado es de entre 5 y 8 kilogramos per cápita por año, contra los casi 120 kilos anuales de carne, ubicando al pescado con niveles de consumo muy lejanos a los recomendados y muy por debajo de países como Perú, Estados Unidos, Australia, Canadá y España, entre otros, que duplican los índices de nuestro país.

Además, los números muestran que el consumo de pescado en Argentina se ubica en menos de la mitad que el promedio mundial (20,5 kilogramos según la FAO) e inferior al promedio latinoamericano (10,5 kilogramos), volcándose casi en su totalidad a productos de la pesca marítima de captura.

En términos generales, los animales acuáticos no forman parte de la dieta habitual de los argentinos y esto se produce por diversas razones.

Ese alimento "no pertenece a la tradición culinaria de la población, hay baja oferta en el mercado, y su precio, en promedio, es mayor comparado con otros alimentos cárnicos de origen animal, como el pollo o el cerdo".

Cada cuarenta carnicerías encontramos apenas una pescadería y los precios muestran valores exagerados en un país en donde las especies marítimas deberían inundar los mercados.

Al no formar parte de la dieta habitual, es muy difícil conquistar a la sociedad para que este alimento se incorpore en la mesa de los argentinos. Para alcanzarlo, primero, es imperioso realizar diferentes acciones normativas que fomenten su oferta, para luego avanzar con acciones educativas, especialmente en el ámbito culinario y nutricional, que motiven a la gente para su consumo.

Ahora bien, aquí volvemos sobre la polémica que se plantea entre el marco normativo y su implementación, porque Argentina, llamativamente, es uno de los pocos países del mundo en los cuales la existencia de una norma no garantiza por sí misma su cumplimiento.

Como ejemplo, resulta menester citar que la Ley N° 24.922 en su Artículo 7° inciso p) expresamente establece entre las funciones de la Autoridad de Aplicación, la realización de campañas nacionales de promoción para el consumo de recursos vivos del mar. Pero, en la práctica, casi no se observan campañas ni acciones concretas que incluyan incentivos para fomentar el consumo.

Por otra parte, en 2019, la Resolución 42/2019 del Ministerio de Agricultura, Ganadería y Pesca de la Nación, Instituyó el día 19 de cada mes, como el día preferencial para la ingesta de pescados y mariscos argentinos, a fin de promover su consumo, en el marco de la campaña promocional "Pescados y Mariscos Argentinos ¡Sabores que te hacen bien!", bajo el lema "El 19 de cada mes comemos pescado". Sin embargo, no ha habido ni hay ninguna campaña promocional fuerte que motivara su cumplimiento, por lo cual, casi ningún comerciante, y mucho menos los consumidores, se alinean con la iniciativa.

En el país no existe prácticamente difusión de las propiedades nutricionales de este tipo de alimentos, así como la versatilidad que presenta para su elaboración, el manejo sustentable de la actividad y la importancia de la cadena productiva.

En definitiva, reconozco que existe un cúmulo de buenas intenciones que nunca terminan completando su desarrollo en la realidad, pateando en el tiempo el crecimiento del consumo de un producto que tiene todos los atributos para romper el mercado y que, por el contrario, aparece en nuestro país como un plato gourmet que muy pocos contemplan a la hora de organizar las comidas diarias.

Desde mi lugar, entiendo que el descarte, del que ya hablamos, y la presencia de nuevas normas que nos obliguen a los empresarios a traer parte o todo de ese "by-catch" o captura incidental (para fomentar la venta, a precios mucho más económicos, de las especies acompañantes que se pescan "sin querer") podría constituir un incentivo para las empresas y ampliar la oferta de diferentes cortes de pescado en el ámbito nacional.

Cuando se tira la red en la zona de cardumen o bancos se traen otras especies que no constituyen el objetivo y todo eso se devuelve al mar. Ese descarte a veces es del 2% de lo que se pesca y otras es el 20%.

Por ejemplo, en una jornada diaria de pesca se capturan aproximadamente 20000 kg de langostino y, por ley, está autorizado el descarte de hasta 1000 kg de pesca incidental. La flota pesquera de Chubut cuenta con unos 84 barcos que podrían desperdiciar, como mínimo, unas 84 toneladas de pescado por día. Es un número muy violento, y mucho más en un país en donde existen problemas de desnutrición y hay muchísima gente que pasa hambre.

Esto ocurre porque no hay una política pesquera que obligue a las empresas a traer eso que bien podría entregarse a diferentes organizaciones sin fines de lucro o a comedores comunitarios a iglesias, geriátricos, o, por ejemplo, venderse a bajo costo, con valores subsidiados que dejen un extra a los trabajadores y empresarios y que permita llevar pescado barato a la mesa de los argentinos.

Al mismo tiempo se podrían hacer miles de campañas para regalar pescado a los sectores en donde no hay distribución de estos productos, como en la cordillera, en donde no hay mar, y a miles de pueblos pequeños del país, en donde no hay ni siquiera una sola pescadería.

De ese modo, considero que se podría trabajar una ruta comercial de "descarte cero", impulsando, por ejemplo, la presencia de pequeños mercados de lonjas a la veda de los diferentes puertos nacionales, algo muy común en países de Europa, como España, consolidando la idea como una propuesta más que viable para que la gente acceda a productos de mar frescos, a precios muy económicos.

Así, el pescado iría directo del barco al consumidor, acortando la cadena de distribución y comercializando esos alimentos a valores mucho más accesibles.

Como empresario, nobleza obliga, reconozco que hoy los barcos no van a estar dispuestos a traer todo lo que tiran, porque no van a ocupar 50 cajones con especies que tienen un valor insignificante al lado de otras como el langostino, pero sí creo que se podría obligar a los buques a traer como mínimo unos 5 cajones por marea.

Cada cajón tiene 30 kg, con lo cual serían casi 8000 kg de pescado que ingresaría por día. Además, podrían abrirse pequeñas plantas y habilitarlas para procesar pescados blancos (es el pescado mayormente descartado conjuntamente con la merluza) y eso, además, abriría muchas fuentes de trabajo que hoy no existen.

También pienso que se puede avanzar a través de estudios de mercado, diagnóstico, monitoreo de consumo y análisis nutricional que impulsen la proliferación de diferentes puntos de venta.

Esa mayor oferta de productos, inexorablemente, también generaría una inquietud comercial por ampliar la distribución de pescados y mariscos y beneficiaría el consumo interno.

Sin embargo, por el momento, no existe una matriz productiva promocionada por la política, y mucho menos potenciada por la irresponsabilidad y la especulación sindical y empresarial, lo que trae como consecuencia que no tengamos productos acuáticos en oferta. Por ejemplo, si se trabajara en la captura de muchas otras especies, o si, como digo, se trajera a puerto una parte importante de las especies acompañantes habría mucha más oferta e inevitablemente bajaría el precio, entre otras cuestiones.

Hoy el pescado podría valer un tercio de lo que vale y todos podrían acceder a su consumo pero depende de una decisión política que debe ubicar al país de cara al mar.

No obstante, creo que todos los eslabones deberíamos trabajar mancomunadamente y participar en el diseño de sistemas de comercialización, vinculando al sector privado y público de manera de asegurar el acceso a los recursos vivos de origen acuático en un marco de explotación sustentable.

Esas acciones fortalecerían al sector y a los comerciantes, haciendo hincapié en las economías regionales y facilitando el desarrollo de canales de comercialización con el objetivo de desarrollar nuestros canales de venta interna y que la gente se tope con muchas pescaderías a su paso.

Por otro lado, cuando hablamos de cambios viscerales, también debemos exigir controles que acaben con la especulación y con las subas desmedidas de precios en épocas como las de Semana Santa, en donde los valores se triplican e ingerir pescado se convierte en un lujo que pocos pueden darse.

Entiendo que se trata de una situación bastante compleja que necesita del esfuerzo de todos los sectores y que tiene carácter utópico si se plantea en lo inmediato. También comprendo que es inviable cambiar de un día para otro, pero un buen trabajo constante en la materia, apuntalado con pequeños pasos sostenidos en el tiempo, cambiaría radicalmente la situación planteada.

A veces, el camino más lento resulta ser el más exitoso y el que puede llevarnos al objetivo propuesto. Es cuestión de tomar la iniciativa para fundar una sociedad mejor. Hay que llamar a la reflexión para crecer y consolidar una pesquería nacional de avanzada.

# Conclusiones

*"Comprender la importancia de la pesca y asumir compromisos para cerrar todas las grietas".*

La decisión de redactar cada uno de los capítulos que componen este libro llegó en una etapa de mi vida mucho más reflexiva. Las tormentas del pasado, las injusticias y entender las reglas del juego me han llevado a sufrir verdaderas torturas espirituales que han tardado años en cicatrizar.

Así, poco a poco, fui comprendiendo que el dolor inicial y mis experiencias debían esquivar el resentimiento para convertirse en el combustible que me haría levitar por sobre la zona de confort, defendiendo mis ideales y convirtiéndome en un ser mucho más crítico, pero también más reflexivo y pensante.

Con el paso del tiempo, fui descubriendo que todos tenemos la oportunidad de cerrar las grietas que caracterizan al sector pesquero. Entiendo que saldar las diferencias con mis colegas empresarios, con la política y con los representantes de los trabajadores es el único camino que puede permitirnos delinear un nuevo escenario para la pesquería argentina.

Debemos trabajar para construir una plataforma firme que sostenga la sustentabilidad de la actividad, y, para ello, considero que mis escritos arrojan varios ejes que son concluyentes en el presente y vitales aún más para abordar el futuro.

En primer lugar considero que nadie debería sentirse acusado o acusada por las problemáticas planteadas. Cada uno de nosotros conoce su nivel de responsabilidad y al que le quepa el sayo, le pido que se lo ponga. Nada más simple, porque reconocer nuestros errores nos enaltece y nos permite cambiar.

A lo largo de cada segmento he tratado de definir las problemáticas sin generalizar ni acusar a nadie en particular por todos los males del sector. En efecto, he sido muy autocrítico, tratando de hilar un análisis reflexivo para que, entre todos, podamos encontrar las diferentes soluciones.

Mi experiencia me enfrenta a la siempre difícil responsabilidad de encender las alarmas para apagar el fuego antes de que sea demasiado tarde, proponiendo que se dejen de lado las creencias para dar paso a los pensamientos. Entiendo que el camino es el disenso, que forma parte de la solución y no del problema.

A mí me gusta pensar y no asimilar aquellas creencias que no se pueden debatir, por eso elijo reflexionar y no creer en muchas cuestiones que me proponen como ciertas. Siempre busco discutir al respecto, porque esa es la evolución en sí misma.

Mi objetivo es que ese crecimiento espiritual, diciendo las cosas que siento, que pienso y todo aquello que señala el sentido común, pueda ayudar también a muchos otros que siguen bien arropados en su zona de confort. Yo elijo no creer, elijo pensar, porque todo se puede mejorar, siempre...

Hace un tiempo, leí una frase de Friedrich Nietzsche que dice que "aquél que tiene un por qué para vivir, puede soportar casi cualquier cómo", entendiendo que la voluntad de poder no es tan sólo ejercerlo sobre otros, sino el hecho de hacerlo sobre uno mismo, algo que es necesario para poner en práctica la creatividad y para lograr un cambio como el que propongo sobre éstas páginas.

Pero tal capacidad se manifiesta en el coraje y en la iniciativa que tenemos para romper con el status quo. Yo reconozco que tengo muchos "por qué" y estoy dispuesto a soportar todos los "cómo", las críticas, fundadas o no, y todo lo que traiga aparejado.

El primer "por qué" es que han maltratado mucho al sector sin conocer su realidad absoluta. El segundo, es que, como actividad, nos merecemos una realidad evolutiva. Debemos avanzar hacia un nuevo escenario que sea mucho mejor que el presente.

En tercer lugar, pienso que tenemos, como chubutenses, pero, por sobre todas las cosas, como argentinos, una verdadera opción de cambio, para transformar un problema en una oportunidad y ese es el desafío que debemos proponernos todos. Es una chance gigante de mejorar cada ítem que desarrollamos en este volúmen, en la que debemos comprometernos todos los que formamos parte y participamos, directa o indirectamente del sector: desde lo empresarial, lo sindical y lo político.

Pero en ese camino, es importante que cada uno de nosotros se comprometa. Hoy la realidad nos tiene muy cómodos porque las cosas siguen su camino, aún sin concientizarnos de que esa actitud, simplista y carente de obligaciones, nos llevará inexorablemente al exterminio de la actividad.

Creo haber dejado claro que no está para nada bien el destino hacia dónde vamos y que es necesario que abramos los ojos para cambiar la realidad. En ese sentido, quiero convertir mi análisis en la punta de flecha que nos permita dejar a las generaciones futuras una pesquería cien por ciento sustentable, mucho más transparente, profesional y rentable.

Actualmente, ver crecer a mis hijos me lleva a dejar de mirar el corto plazo para pasar a interesarme por cambiar el presente y proyectar un futuro muy diferente.

Debo reconocer que la redacción de estos escritos fue contemporánea a una de las experiencias más maravillosas que me dio el vínculo con mi hijo, Juan Cruz, y que no hizo más que fortalecer la pluma con la que escribí estas palabras.

Se trata del más grande de mis descendientes, quien ya ha iniciado su carrera universitaria. En su caso, hace un año atrás, como siempre, fuimos los padres quienes planteamos dudas sobre su verdadera vocación, aún en contra de sus planteos.

Desde hace mucho tiempo, él asumió que quería seguir ligado a la pesquería y que, en pos de esto, buscaría graduarse en la licenciatura en Administración y Finanzas, pero yo le decía que debía elegir bien, con tranquilidad, porque se trata de una actividad que podría llevar consigo casi toda su vida.

Así fue que lo convencimos para hacer un test vocacional en el Instituto D'Alfonso, una institución pionera en acompañar a las personas, y sobre todo a los jóvenes estudiantes, en sus procesos de descubrimiento vocacional. Y aquí surgió el verdadero punto de inflexión en mi vida, porque el informe de la institución CONFIRMÓ, con mayúsculas, que quiere dedicarse a lo mismo que yo.

Pero todavía hay más, porque la psicóloga que nos hizo la devolución del estudio terminó su exposición transmitiéndonos que "para Juan Cruz su padre es su ejemplo de vida y faro en el mundo". Como se imaginarán, estoy escribiendo estas líneas con los ojos borrosos y con varios pañuelos en mano.

Ahora bien, muy lejos está de mí el hecho de querer autoreferenciarme como ejemplo de nada, pero creo que la anécdota sirve para que entiendan la causa más importante que ha originado la redacción de este maravilloso libro.

El amor por nuestros hijos es lo más hermoso y puro que puede existir y el temor a que les pase algo constituye un estado de pánico que no tiene competencia. Todos, o la mayoría de nosotros, somos capaces de dar nuestra vida por el bienestar de ellos y el solo hecho de pensar que nuestras acciones o inacciones podrían dañarlos, nos deja espiritualmente al borde del abismo.

Uno puede pelear con los hijos adolescentes por casi todo y hasta creemos, a veces, que ellos nos odian, pero puedo asegurarles que no hay nada más alejado de la realidad, porque, aunque los jóvenes no lo reconozcan, siempre buscan, en mayor o en menor medida, espejarse con sus padres.

Ellos ven con claridad como nos apasiona el trabajo que realizamos, la industria a la que pertenecemos, los problemas que cotidianamente enfrentamos y eso los motiva a querer ser parte, a querer pertenecer a la familia pesquera y, porque no, a profesionalizar y mejorar el sector.

Comprendiendo eso, debemos centrarnos en algo que parece muy fácil desde lo teórico, pero que resulta siempre muy complejo desde lo práctico, y que tiene que ver con mostrarles a ellos cuál es el verdadero camino que deben seguir, en un marco de honestidad y hombría de bien, buscando una superación que los convierta en seres mucho mejores que nosotros.

Y ese es uno de mis objetivos. No sirve de nada quejarse de los problemas desde la comodidad. Hay que dedicarle tiempo a las cosas que no están bien: al medio ambiente, a las universidades, a la discusión con los sindicatos y a la interrelación con la política, para que puedan conocer y aprender del sector, porque ese es el único faro que le podemos dejar a quienes continúen con la posta en la actividad.

No se trata únicamente de ganar plata a cualquier precio, porque los errores del presente pueden firmar el acta de defunción en el futuro, y con ella acabar también con los sueños de varias generaciones. Y no sólo de aquellos que sigan ligados al sector, sino también de todos los que indirectamente se relacionan con el fantástico mundo de la pesca, desde los transportistas, que trasladan las cargas, hasta los consumidores, que llevan a la mesa los frutos del mar.

Si mis reflexiones y el presente libro han logrado cambiar la cabeza de los lectores, o al menos hacerlos reflexionar sobre la importancia de dar pequeños pasos cortos que nos acerquen al cambio y que nos vayan llevando despacio hacia un escenario ideal, ya habré ganado la batalla.

Cada granito de arena que aportamos es vital para sacudir la modorra, recoger el guante y alinear las intenciones. Pero nada podría hacerse si no se reconocen los problemas, porque esa es la plataforma que nos permite comenzar a solucionarlos.

Estas humildes páginas satisfacen mi necesidad de plantear todas las problemáticas sobre la mesa, pero no sin aportar una cuota mucho más alta de esperanza, basada en los sueños de cambiar la realidad, porque siento que todo es realizable.

Mientras soñamos se cierran muchas puertas y muchas veces nos perdemos en un laberinto de incertidumbres, pero siempre al final aparece una nueva oportunidad.

No hay que dejarse llevar por las frustraciones y luchar incansablemente por lograr los cambios que planteamos.

Alguna vez escuché por allí que "es mucho mejor dar unos pocos pasos equivocados en el camino correcto que dar miles de pasos correctos en el camino equivocado", y ese es justamente el objetivo y el mensaje que busco con esta obra.

# Bibliografía


- Actividad Pesquera de Argentina. El Sur del Sur. (2014, diciembre 9). *SurdelSurAR*. https://surdelsur.com/es/actividad-pesquera-argentina/
- ASIA. (s/f). *En Uruguay miran para adentro y muestran el rol de Montevideo en la pesca ilegal*. ArgenPorts. Recuperado el 19 de abril de 2023, de https://www.argenports.com.ar/nota/en-uruguay-miran-para-adentro-y-sacan-a-relucir-el-rol-de-montevideo-en-la-pesca-ilegal
- *Autoridade Portuaria de Vigo (Lonxa de Baixura do Porto Pesqueiro de Vigo)*. (s/f). Xunta. gal. Recuperado el 19 de abril de 2023, de https://deondesenon.xunta.gal/es/entidades-certificadas/lonjas/empresa?id=1006
- *BOLETÍN OFICIAL REPÚBLICA ARGENTINA – MINISTERIO DE AGRICULTURA, GANADERÍA Y PESCA – Resolución 42/2019*. (s/f). Gob.ar. Recuperado el 19 de abril de 2023, de https://www.boletinoficial.gob.ar/detalleAviso/primera/216613/20190916
- *Campaña "Comé pescado argentino"*. (2018, septiembre 6). Argentina.gob.ar. https://www.argentina.gob.ar/agricultura/comepescadoargentino/campa%C3%B1a
- Carciofi y Lautaro Rotta, I. (s/f). *La cadena productiva del langostino patagónico: diagnóstico, lineamientos y recomen-*

*daciones de políticas*. Gob.ar. Recuperado el 19 de abril de 2023, de https://www.argentina.gob.ar/sites/default/files/2021/03/dt-18---cadena-del-langostino-0.pdf

- Castaño, I.S.-M. (2022, octubre 27). *El pescado le gana la carrera nutricional a la carne*. Ediciones EL PAÍS S.L. https://elpais.com/salud-y-bienestar/2022-10-27/el-pescado-le-gana-la-carrera-nutricional-a-la-carne.html
- Chubut, E. (2021, noviembre 22). *Más de 300 mil toneladas de langostino se capturaron en los últimos 5 años solo en el puerto de Rawson*. El Chubut. https://www.elchubut.com.ar/regionales/2021-11-21-23-25-0-mas-de-300-mil-toneladas-de-langostino-se-capturaron-en-los-ultimos-5-anos-solo-en-el-puerto-de-rawson
- Dario, L. (2022, abril 2). *Panorama Forbes: Los costos de vivir de espaldas al mar*. Forbes Argentina. https://www.forbesargentina.com/today/panorama-forbes-costos-vivir-espaldas-mar-n14410
- De Dios González, S. (2015, agosto 5). *La filosofía oculta de Matrix*. La Mente es Maravillosa. https://lamenteesmaravillosa.com/la-filosofia-oculta-de-matrix-2/
- *Langostino: entre la abundancia y el descarte*. (2018, octubre 9). Pesca Chubut – La Verdadera cara de la Pesca; Pesca Chubut. https: //pescachubut.ar/langostino-entre-la-abundancia-y-e/
- *El empresariado pesquero chubutense hace causa común*. (2021, octubre 1). revista puerto. https://revistapuerto.com.ar/2021/10/el-empresariado-pesquero-chubutense-hace-causa-comun/

- *Esta es la historia de un sastre, un zar y su oso. Read more.* (2021, enero 21). Reflexiones. https://www.misreflexiones.org/positivas/el-oso/
- *Facebook*. (s/f) … Fb. watch. Recuperado el 19 de abril de 2023, de https://fb.watch/iyH3aCpm6Q/?mibextid=unz460
- Grobo, R. (s/f). "*Los países que crecen son los países que exportan*". Tik Tok. https://vm.tiktok.com/ZMFs4v44S/
- *Historia – Tierra del Fuego – Patagonia – Argentina*. (s/f). Org. ar. Recuperado el 19 de abril de 2023, de http://www1.tierradelfuego.org.ar/historia/yamanas. php?idpag=02
- *Home*. (s/f). Dalfonso.org. Recuperado el 19 de abril de 2023, de http://www.dalfonso.org
- Iglesias, A. (2022, julio 27). *Langostino, "El Oro Naranja": ¿Aumento del recurso o aumento de explotación?* La Izquierda Diario. https://www.laizquierdadiario.com/Langostino-El-Oro-Naranja-Aumento-del-recurso-o-aumento-de-explotación
- INFOBAE. (2023, enero 10). *Un informe sobre la pesca ilegal china en Argentina: advierten por un saqueo que podría agotar la presencia de especies*. infobae. https://www.infobae.com/politica/2023/01/10/fuerte-informe-sobre-la-pesca-ilegal-china-en-argentina-advierten-de-un-saqueo-que-podria-agotar-la-presencia-de-especies/
- *Kit de Comunicación*. (2018, septiembre 10). Argentina.gob.ar. https://www.argentina.gob.ar/agricultura/comepescadoargentino/kit-comunicación
- *La empresa que abre la puerta de Montevideo a los barcos chinos con antecedentes ilegales*. (2023, enero 30). Noticias ambien-

tales. https://es.mongabay.com/2023/01/la-empresa-que-abre-la-puerta-de-montevideo-a-barcos-chinos-con-antecedentes-ilegales-oceanos/

- *La pesca y su desarrollo territorial en Argentina desde la crisis del 2001.* (s/f). Ubiobio. cl. Recuperado el 19 de abril de 2023, de http://revistas.ubiobio.cl/index.php/TYE/article/download/3982/3837?inline=1
- Lazzaro, B. (2022, junio 14). *La ruta del langostino: Chubut se planta ante Mar del Plata tras resolución del CFP.* ámbito.com. https://www.ambito.com/nacional/chubut/la-ruta-del-langostino-se-planta-mar-del-plata-resolucion-del-cfp-n5463241
- Otero, Y. (2022, julio 25). *Liberman: "La acuicultura puede generar u$s 2.500 millones en divisas y 150.000 empleos".* ámbito.com. https://www.ambito.com/economia/pesca/liberman-la-acuicultura-puede-generar-us2500-millones-divisas-y-150000-empleos-n5494511
- *1. PASADO, PRESENTE Y POSIBLE FUTURO DE LA INDUSTRIA PESQUERA.* (s/f). Fao.org. Recuperado el 19 de abril de 2023, de https://www.fao.org/3/V8490S/v8490s03.htm
- Pérez Álvarez, G., & Schulze, M.S. (2022). Los sindicatos de los trabajadores "en tierra" de la industria pesquera en Argentina: características, historias y regiones. *Nuevo mundo mundos nuevos.* https://doi.org/10.4000/nuevomundo.86881
- PRTR-España. (s/f). *NH3 (Amoniaco).* Ministerio de Agricultura, alimentación y medio ambiente. Recuperado el

19 de abril de 2023, de https://prtr-es.es/NH3-amoniaco, 15593,11,2007.html

- *¿Qué es la pesca INDNR?* (s/f). Fao.org. Recuperado el 19 de abril de 2023, de https://www.fao.org/iuu-fishing/background/what-is-iuu-fishing/es/
- S., S. (2021, octubre 10). *La lonja grande se come a la pequeña.* La Voz de Galicia. https://www.lavozdegalicia.es/noticia/somosmar/2021/09/03/lonja-grande-come-pequena/00031630690851899228267.htm
- Schulze, M.S., & Góngora, M.E. (2022). Los agentes económicos de la pesca industrial en la Argentina: las cámaras empresariales pesqueras. *Nuevo mundo mundos nuevos.* https://doi.org/10.4000/nuevomundo.87136
- *Ultracrepidario.* (2019, enero 18). RAE. https://twitter.com/RAEinforma/status/1086221206079135745
- Wikipedia contributors. (s/f-a). *Bivalvia.* Wikipedia, The Free Encyclopedia. https://es.wikipedia.org/w/index.php?title=Bivalvia&oldid=149882926
- Wikipedia contributors. (s/f-b). *Pleoticus muelleri.* Wikipedia, The Free Encyclopedia. https://es.wikipedia.org/w/index.php?title=Pleoticus-muelleri&oldid=146269162
- Young, J. (2011). *Friedrich Nietzsche: A Philosophical Biography.* Cambridge University Press. https://doi.org/10.1017/cbo9781139107013
- (S/f-a). Lanaciontrabajadora.com. Recuperado el 19 de abril de 2023, de https://lanaciontrabajadora.com/ensayo/la-pesca-el-patio-trasero-argentino/

- (S/f-b). Edu.ar. Recuperado el 19 de abril de 2023, de https://repositorio.uesiglo21.edu.ar/bitstream/handle/ues21/16469/PEREYRA%20MARIELA. pdf?sequence=1
- (S/f-c). Org.ar. Recuperado el 19 de abril de 2023, de http://www.scielo.org.ar/scielo.php?script=sci-arttext&pid=S1514-68712022000100027

Se terminó de imprimir en Impresiones Dunken
Ayacucho 357 (C1025AAG) Buenos Aires
Telefax: 4954-7700 / 4954-7300
E-mail: info@dunken.com.ar
www.dunken.com.ar
Julio de 2023